L'INSTRUCTION THÉORIQUE

DU CAVALIER

EXTRAIT

des divers services
et règlements militaires

PAR

UN OFFICIER SUPÉRIEUR

pour le Cavalier

LIBRAIRIE MILITAIRE BERGER-LEVRAULT

PARIS — NANCY

PAROLES ET MUSIQUE

SUR L'ÉTENDARD

par le Régiment [illegible]

L'INSTRUCTION THÉORIQUE

DU CAVALIER

PAR LUI-MÊME

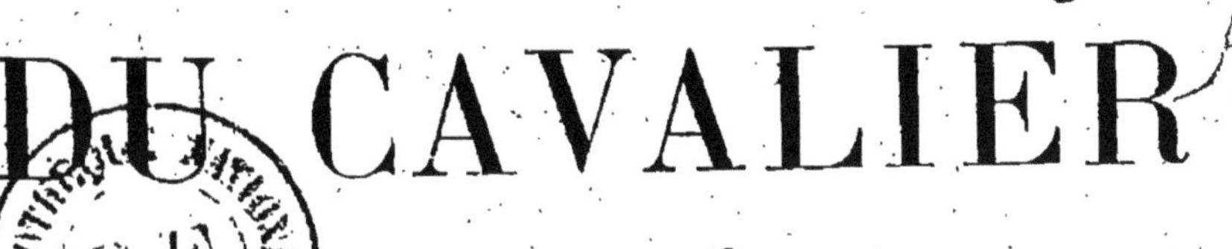

EXTRAIT

des divers Services
et Règlements militaires

PAR

UN OFFICIER SUPÉRIEUR

DE LA 20ᵉ RÉGION
DE CORPS D'ARMÉE

13e édition. A.

*Ce livre est écrit
pour le Cavalier.*

LIBRAIRIE MILITAIRE BERGER-LEVRAULT

Éditeurs de l'*Annuaire officiel de l'Armée*

PARIS | NANCY
RUE DES BEAUX-ARTS, 5-7 | RUE DES GLACIS, 18

PRINCIPES

L'honneur, le patriotisme et la force assurent à une nation le respect du monde entier !

Dans une armée l'esprit de sacrifice et la volonté de vaincre assurent le succès.

L'armée française et la Nation doivent s'accorder une confiance entière.

L'audace, la marche en avant et l'offensive permettent seules d'obtenir des résultats décisifs.

En campagne, le soldat instruit de ses devoirs, qui aura du sang-froid, du cœur, du courage, de la confiance en lui-même, en ses camarades et en ses chefs et qui, dans la lutte, apportera ardeur, énergie et intelligence, permettra au chef de tout oser et de rapidement imposer sa volonté à l'adversaire !

Il faut non seulement se défendre, mais encore « il faut être victorieux ».

Cavalier de France,
L'égalité t'appelle avec espérance.
Gaîment, avec courage, acquitte ton devoir ;
Ton rôle est grand, soldat, en toi est notre espoir !
Comprends-le bien, et en noble esclave,
Pour ton pays sois vainqueur ou meurs en brave !

Vive la France !

NOTA. — La loi du 9 novembre 1911 a institué une médaille commémorative de la guerre de 1870-1871.

On doit respecter les vieux braves qui ont fait cette terrible guerre et qui sont médaillés (Ruban vert à rayures noires).

RENSEIGNEMENTS

—

.....e Régiment de...e escadron.

Nom du cavalier : ....

No matricule..................... No de la carabine : ....

No du sabre : ....

Nom du cheval : ....

....

GÉNÉRAUX :

M..commandant le e corps d'armée.

M..commandant la e division de cav.

M..commandant la e brigade.

M..commandant l.........................

LE RÉGIMENT :

Colonel : M. ....

Lieutenant-colonel : M. ....

Chef d'escadrons : M. ....

   Id.   M. ....

Major : M. ....

Médecin-major : M. ....

Médecin aide-major : M. ....

Vétérinaire en 1er : M. ....

   —   2e : M. ....

Aide-vétérinaire : M. ....

— 4 —

L'ESCADRON :

Capitaine commandant : M. ....

....

Lieutenant comm. le 1er peloton : M. ....

Lieutenant comm. le 2e peloton : M. ....

Lieutenant comm. le 3e peloton : M. ....

Lieutenant comm. le 4e peloton : M. ....

....

.... Adjudant.

.... Maréchal des logis chef.

.... Maréchal des logis fourrier.

.... Brigadier-fourrier.

LE PELOTON :

.... Maréchal des logis. | .... Brigadier.

.... Id. | .... Maréchal.

....

Le régiment occupe les garnisons ci-après :

.... escadrons à ....

.... escadrons à ....

NOTA

Le capitaine commandant l'escadron prend toutes mesures nécessaires pour empêcher l'introduction dans son escadron d'écrits, journaux ou publications pouvant nuire à la discipline ou pousser soit à l'abandon des devoirs militaires, soit à l'inobservation des lois ; il réprime sévèrement toute tentative de propagande faite dans ce sens (Art. 86 du Service intérieur).

AVIS PARTICULIER POUR LE CAVALIER

Jeunes soldats !

L'Allemagne a déclaré la guerre à la France ! C'est pou cela que vous venez sous les drapeaux, soit comme engagés volontaires, soit comme appelé avant la date fixée par la loi ; vous voulez au si prendre part à cette guerre colossale contre l'Allemagne et contre l'Autriche. Ces deux puissances ont contre elles : la France, la Russie, l'Angleterre, la Belgique, la Serbie, les États Balkaniques et le Japon.

Espérons que, vu notre droit et notre justice, nous arriverons à vaincre ces races teutoniques qui luttent contre la civilisation.

Le jeune Français arrive au régiment pour obéir à la loi militaire judicieusement faite pour l'honneur de la France et pour conserver les richesses et les foyers du pays. L'esprit français est d'ailleurs tout disposé au service militaire qui se fait au moment où la carrière du jeune homme est préparée mais pas encore définitivement établie ; on ne recule donc que de quelques années les occupations et les affaires particulières de la vie, mais pendant ce temps on travaillera pour le bien général du pays, pour la Patrie, et on se formera le caractère par l'union et l'égalité de tous.

Au cavalier, lecteur de ce livre, nous souhaitons qu'il devienne un bon soldat, qu'il fasse avec plaisir et de bon cœur tout son service militaire, auquel il voudra bien s'intéresser.

En sa qualité de cavalier, il saura que la cavalerie dans laquelle il sert est l'arme vive et délicate, chargée d'aider par son exploration et par sa rapidité l'infanterie et l'artillerie qui doivent livrer les combats, elle est leur précieuse auxiliaire et elle saura collaborer au succès de l'armée en remplissant, avec prudence, son rôle d'éclaireur et de reconnaissance.

Ce petit livre est écrit pour le cavalier, qui ne doit jamais oublier les devoirs de dignité et d'honneur que sa tenue et sa situation lui imposent.

L'auteur a eu pour but de condenser en quelques pages, dans un style concis, tout ce que le cavalier doit savoir. Celui-ci y apprendra ses devoirs et la conduite à tenir dans presque tous les cas où il peut se trouver.

Il importe que le cavalier passe le moins de temps possible aux instructions ou théories dans les chambres, car son travail est compliqué : il ne faut pas seulement qu'il apprenne à monter à cheval, mais il faut encore qu'il sache la manœuvre à pied, qu'il soit un bon tireur, un éclaireur adroit, un patrouilleur sûr en campagne et un cavalier fanatique et dévoué ; puis, en dehors de son instruction, il doit entretenir parfaitement tous ses effets d'habillement, d'équipement, de harnachement, et donner des soins journaliers et constants à son cheval.

Le cavalier étudiera successivement les chapitres de ce livre, comme l'écolier étudie sa leçon de chaque jour ; l'instructeur donnera des explications et fera les démonstrations nécessaires, alors le soldat pourra répondre et agir, il saura ce qu'un cavalier doit connaître et son âme sera pénétrée des sentiments du devoir militaire que tout citoyen doit à sa patrie, puis il se rappellera toujours que son seul but est d'être victorieux en campagne.

Ce questionnaire ne doit pas être appris mot à mot, il faut simplement le lire plusieurs fois de façon à bien s'en pénétrer.

Lorsque le cavalier est interrogé, il doit répondre simplement dans son langage habituel en cherchant à bien donner le sens de ce qu'il a étudié et compris.

C'est là le seul moyen d'acquérir convenablement l'instruction théorique qui est nécessaire à chaque soldat.

Les dernières guerres qui se sont faites ont partout démontré l'importance du soldat isolé ; de là résulte la nécessité d'une préparation personnelle plus intensive, et d'ailleurs, le soldat d'aujourd'hui n'a point le temps d'attendre que les mois et l'expérience lui permettent de se diriger de lui-même dans tous les détails de la vie militaire. Il faut que rapidement il puisse faire tout le service et que trois ou quatre mois après son arrivée au corps il soit mobilisable, c'est-à-dire apte à entrer en campagne dans des conditions bonnes et acceptables pour pouvoir répondre à nos adversaires.

Ce livre vient à lui pour l'aider dans son travail et dans son instruction personnelle qu'il doit faire ; il y apprendra assez rapidement ce qu'un long temps et l'expérience auraient mis à lui apprendre.

Cavaliers !

Le service militaire que vous accomplissez est un des devoirs sacrés du citoyen français.

Sachez que vous ne devez pas seulement passer sous les drapeaux un temps fixé par la loi, ce serait du temps presque perdu, mais vous devez y travailler convenablement pour devenir des défenseurs réels et consciencieux du territoire de la France et de ses colonies, des soldats accomplis et parfaits sur lesquels le pays pourra absolument compter.

Vous devez devenir des cavaliers adroits et habiles dans la conduite de vos chevaux dans toutes les circonstances, des soldats sachant bien manœuvrer les carabines et les sabres, de bons tireurs, des hommes bien dressés au service en campagne d'éclaireur et de reconnaissance, des combattants actifs, vigilants et audacieux.

Vous devez arriver à avoir une volonté complète de vaincre.

En votre qualité de citoyens français libres, vous devez avoir à cœur et à honneur d'être des cavaliers instruits, propres, bien équipés, de bonne conduite, honnêtes, respectueux de la discipline, obéissant toujours bien aux ordres de vos gradés et de vos officiers et prêts à la mobilisation pour la guerre.

Ayez l'âme solide, un grand dévouement et la volonté absolue de vaincre pour la défense de vos foyers et de la patrie française, à n'importe quel moment de votre vie militaire.

Que ce petit livre vous aide dans votre beau devoir militaire ! C'est là notre but.

F. C.

SOMMAIRE GÉNÉRAL DE CE VOLUME

—

L'ouvrage est divisé en 6 parties, qui sont :

1re partie. — Instruction des militaires et obtention des grades pour les cavaliers

2e partie. — Éducation morale du soldat.

3e partie. — Éducation générale du soldat pour le temps de paix.

4e partie. — Service de guerre.

5e partie. — Du cheval et des soins à lui donner.

6e partie. — Devoirs du soldat dans ses foyers, après sa libération du service actif.

L'INSTRUCTION THÉORIQUE
DU CAVALIER

PAR LUI-MÊME

PREMIÈRE PARTIE

INSTRUCTION DES MILITAIRES ET OBTENTION DES GRADES POUR LES CAVALIERS

CHAPITRE I

L'INSTRUCTION DU CAVALIER

1. D'après le sens et l'esprit des règlements militaires, pour former un soldat parfait, un cavalier capable de remporter la victoire en campagne, il y a deux instructions à lui donner pendant sa présence au corps :

1° L'instruction militaire proprement dite;

2° L'éducation morale et la formation de l'âme du soldat.

Instruction militaire du cavalier.

2. Dans tout ce qui est service ou manœuvre, le cavalier doit y montrer du zèle et une bonne volonté complète. C'est là une nécessité qui est possible pour tous.

Conseils importants relatifs à l'instruction militaire.

3. La *préparation à la guerre* est le seul but de l'instruction militaire.

L'instruction militaire ne se donne pas dans les théories,

ni dans les chambres, ni dans les conférences, elle ne s'acquiert que par *des exercices et des manœuvres sur le terrain,* souvent répétés et minutieusement exécutés. Cependant, il a semblé bon d'en dire quelques mots aux cavaliers.

Le cavalier, pendant son temps de service actif, doit apprendre d'une façon complète et parfaite tout ce qui fait partie de l'instruction militaire, de façon à devenir le défenseur vrai et réel que le pays compte qu'il sera. Pour cela il doit travailler à son instruction et arriver à être parfait et à savoir tout ce qu'il doit savoir. La France aura alors une armée forte et solide qui lui permettra d'assurer la victoire.

Dans tous les exercices les cavaliers doivent apporter leur amour-propre et leur cœur. Ils auront droit à la reconnaissance du pays entier.

Ce n'est pas tout d'être soldat pendant un temps déterminé et voulu par la loi du pays, il faut y faire son métier, y apprendre tout ce que l'homme doit savoir pour être un réel défenseur de sa Patrie et de son foyer. Tout cavalier doit devenir un militaire consciencieux, un manœuvrier adroit, un tireur émérite et sûr, un tacticien habile au service en campagne, un bon cavalier, un combattant solide et bien dressé au maniement de la lance dans les attaques.

Un tel cavalier discipliné, ayant confiance en ses chefs et en ses camarades, bien dressé, sera toujours vainqueur dans l'offensive foudroyante, qu'il soit dans l'armée active, ou dans la réserve où il gardera toujours son savoir militaire.

Instruction de la troupe.

4. L'instruction des cavaliers est faite dans chaque escadron sous la direction du capitaine-commandant, soit par pelotons, soit sur l'ensemble de l'escadron.

L'instruction vise avant tout l'emploi du cavalier dans le combat.

L'équitation et l'emploi des armes en sont les deux parties essentielles.

Des enseignements journaliers doivent constamment développer le goût des exercices physiques, perfectionner chez le cavalier la connaissance du cheval, celle des soins à lui donner, assurer l'entretien et l'ajustage du harnachement, le bon état des armes, etc.

L'enseignement du tir doit former des tireurs adroits, capables de mettre à profit la justesse et la puissance de leur arme à feu.

L'instruction sur le service en campagne a pour but de préparer le cavalier à toutes les missions qu'il est appelé à remplir à la guerre, de développer et de régler son initiative, de pousser au plus haut degré son esprit d'offensive.

Le travail est réglé de façon que les cavaliers, anciens et recrues, montent à cheval autant que possible tous les jours, sauf le dimanche.

La tenue pour l'instruction est celle qui correspond à l'exercice du moment.

Mais il est essentiel d'exercer de bonne heure les cavaliers au port de la tenue de guerre en leur faisant prendre la coiffure distinctive (casque ou shako) et, pour les cuirassiers, les cuirasses.

Les selles sont habituellement nues, sans sacoches; mais on habitue aussi les cavaliers à exécuter les différents exercices, avec le paquetage complet, à toutes les phases de l'instruction et en dehors des prises d'armes.

Instruction des cavaliers de première année.

5. L'instruction des cavaliers de recrue se poursuit toute l'année, de manière à être aussi complète que possible au moment des manœuvres d'automne.

Néanmoins, la progression de cette instruction doit être réglée de telle sorte que le plus grand nombre d'entre eux puissent être mobilisables à la date du 1er mars.

Un cavalier est considéré comme mobilisable lorsque son instruction lui permet de rendre à la guerre de réels services, soit encadré, soit isolé.

En conséquence, il doit :

1º Être capable de conduire son cheval d'une seule main, avec la bride, à toutes les allures;

2º Savoir faire usage de ses armes;

3º Posséder des notions élémentaires du service en campagne;

4º Savoir soigner son cheval, faire son paquetage de campagne, entretenir ses armes et ses effets.

Les capitaines-commandants restent juges du moment où leurs cavaliers sont capables de faire partie de l'escadron mobilisé, certains d'entre eux pouvant y être admis avant le 1er mars, d'autres ne devant y entrer qu'après cette date. On doit éviter toute précipitation de nature à amener des déchets et à compromettre les résultats ultérieurs. Une instruction qui formerait une élite de cavaliers, mais qui laisserait en route le plus grand nombre, serait absolument défectueuse.

Le but à atteindre est d'avoir dans le rang le plus grand nombre de cavaliers réellement utilisables en campagne.

Pour obtenir ce résultat, l'instruction doit être donnée aussi individuellement que possible et parallèlement dans les diverses branches.

Dès le début de l'instruction à cheval, et toutes les fois que le temps le permet, on ajoute au travail du manège de longues promenades à l'extérieur. Les promenades à allures modérées et les haltes qu'elles comportent permettent d'inculquer aux recrues les premières notions du service en campagne.

Plus tard, elles servent à amorcer le travail d'ensemble.

Les principaux enseignements à donner aux cavaliers dans la période qui s'étend de l'arrivée du contingent au 1er mars sont les suivants :

Instruction à pied :

Exercices de gymnastique;
Travail sans armes;
Maniement des armes;
Emploi des armes;
Tirs individuels d'instruction et d'application.

Instruction à cheval :

Travail préparatoire;
Travail en bridon;
Principes de la conduite avec la bride;
Travail en armes sur le mannequin;
Participation aux écoles du peloton et de l'escadron.

Service en campagne. — Notions d'orientation. Connaissance élémentaire et désignation des différentes formes du terrain, voies de communication, cours d'eau, etc.

Service des vedettes et des patrouilles, les recrues étant associées à d'anciens cavaliers.

Enseignements divers. — Notions sur le service intérieur, les détails de discipline et de tenue du cavalier. Pansage du cheval, manière de tenir le pied à la forge. Nomenclature succincte et entretien des effets d'équipement, d'armement et de harnachement. Paquetage, manière de seller et desseller, brider et débrider.

Ces différentes instructions sont données dans l'escouade.

L'officier de peloton s'attache à faire connaître aux jeunes cavaliers les hauts faits qui ont illustré le régiment et qui constituent son patrimoine militaire. Il commente dans des entretiens à leur portée les exemples de dévouement et de bravoure laissés par ceux qui les ont précédés sous le même étendard et s'efforce de leur inspirer l'idée la plus élevée de leur nouvel état.

La participation des recrues aux exercices de mobilisation et d'embarquement en chemin de fer et à quelques-uns des exercices d'ensemble de l'escadron et du régiment complète l'instruction de cette période.

Dans la deuxième période de l'année (du 1er mars aux manœuvres d'automne), l'instruction se poursuit de manière à confirmer et à compléter les enseignements du début, à apprendre aux cavaliers la manière d'accomplir les différentes missions dont ils peuvent être chargés au service en campagne et à obtenir la cohésion dans le travail d'ensemble.

Il est de toute nécessité de revenir très fréquemment à l'instruction individuelle, principalement au point de vue équestre.

Instruction des cavaliers de deuxième et troisième années.

6. Les cavaliers de deuxième et de troisième années reçoivent une instruction particulière qui complète et achève les enseignements de la première année.

Une durée de deux à trois ans est le temps strictement nécessaire pour former de bons cavaliers.

Une cavalerie à demi instruite est vouée à la défaite.

L'instruction équestre des anciens cavaliers est reprise avec le plus grand soin. Ils doivent devenir parfaitement aptes à manier leurs chevaux dans tous les terrains et à toutes les allures.

Ils sont exercés très fréquemment à l'emploi des armes sur des objectifs déterminés et dans des exercices de combat.

Cette instruction, poussée à fond, doit en faire des combattants pleins d'adresse, de confiance et d'audace.

L'instruction du service en campagne prépare les anciens cavaliers aux fonctions d'éclaireurs et de moniteurs dans les divers enseignements à donner aux recrues, ainsi qu'à celles de chefs d'escouade, petit poste et patrouille.

Instruction des spécialités.

7. Les sapeurs, maréchaux, trompettes, télégraphistes, tireurs-pointeurs ou servants de mitrailleuses sont groupés dans tout le régiment pour leur instruction technique, qui est réglée d'après les manuels spéciaux.

Les *éclaireurs*, au contraire, représentent, dans chaque escadron, une élite dont l'instruction incombe au capitaine-commandant.

8. Toute cette instruction du cavalier s'apprendra lentement dans les exercices et les manœuvres de tous les jours. Le cavalier doit y être patient et y donner toute son attention pour bien comprendre, pour bien faire et pour bien retenir. Il faut qu'il soit aussi un bon cavalier maître de son cheval.

Il deviendra alors un soldat parfait.

CHAPITRE II

FORMATION DU MORAL DU SOLDAT

9. Les exercices pratiques, l'équitation, les marches, les manœuvres, les travaux de campagne, le tir et les feux du combat, les charges, le maniement des sabres et de la lance forment un cavalier habile et adroit; mais à côté de cette habileté et de cette adresse il faut aussi songer à devenir un homme audacieux, énergique, sûr et certain malgré les émotions et les fatigues.

Il faut donc travailler toujours; il faut obtenir la discipline des âmes, des cœurs, des énergies, des dévouements et de la volonté absolue; il faut être prêt au sacrifice individuel complet pour le bien et la gloire de la Patrie.

Le quartier en temps de paix et la bataille en guerre sont les deux faces du devoir militaire; ce devoir militaire est fait pour obtenir le bien du pays. Tout procédé suffisant au quartier et insuffisant à la bataille est à rejeter. Les deux procédés qu'il faut sont : l'héroïsme et le dévouement complet en campagne et la bonne volonté absolue au quartier et dans le service du temps de paix. Qui peut le plus peut le moins; en campagne vous devrez risquer sciemment votre existence, mais en temps de paix vous devez donner à la manœuvre et au service du zèle et une bonne volonté grande et complète. C'est là une nécessité que chacun comprend.

A la guerre on rencontrera quelquefois la griserie du champ de bataille, mais le plus souvent il n'y en aura pas, car les grands engagements et les charges sont moins fréquents et moins rapides qu'aux grandes manœuvres. On aura à supporter des fatigues et des peines énormes, dès courses et des marches dans la boue, dans des terres molles, des attentes interminables, des journées entières sur son cheval. Le soir on aura un cantonnement étroit pour s'entasser, on dormira mal, on sera toujours sur le qui-vive et les repas seront irréguliers… Malgré ces misères il faudra avoir du dévouement, des qualités de patience, de volonté et d'endurance, puis une héroïque passion d'être victorieux.

Pour y arriver, il faut aimer avant tout son pays et il faudra haïr l'ennemi national.

Le devoir du soldat est de s'y préparer toujours en apportant dans le service une entière bonne volonté et un grand dévouement.

La troupe doit partout se préparer à posséder toujours cette cohésion qui résulte du dévouement à la Patrie et qui s'obtient par cet amour et cette fidélité permanente aux chefs et aux officiers, qui ont l'honneur d'êtr[e] les agents de la Patrie.

Chaque homme doit donc développer son amour de la Patrie, qui est la base morale essentielle de l'armée française. C'est le plus impérieux des devoirs !

10. *Cavaliers, soldats français*, soyez des soldats fidèles, amoureux de votre service pour la Patrie, ayez du courage, de l'ardeur, la volonté de vaincre et un dévouement complet au sacrifice, la France pourra absolument compter sur vous, quand, à côté de ces belles qualités morales, vous serez aussi des cavaliers instruits militairement, de bons tireurs et d'excellents cavaliers.

Toujours la victoire ira au grand dévouement, et comme le dévouement a sa source habituelle dans la passion de vaincre et dans l'amour de la Patrie, toujours la victoire ira à la passion.

CHAPITRE III

OBTENTION DES GRADES POUR LES CAVALIERS

11. Les *gradés* sont des gens choisis, pour leur valeur personnelle, parmi les meilleurs soldats ayant un bon moral, une bonne instruction et capables de commander scrupuleusement avec intelligence, de diriger d'autres hommes et de les entraîner au bien.

Brigadiers. — Les soldats jugés aptes à devenir des brigadiers sont désignés par leur capitaine; ils étudient alors les règlements de manœuvre et les diverses instructions; ils suivent des cours spéciaux, et ceux qui obtiennent de bonnes notes et qui font preuve d'une bonne aptitude au commandement peuvent être nommés brigadiers par le colonel ou le commandant du corps, lorsqu'ils ont six mois de service (ou quatre mois pour ceux qui avaient obtenu à leur arrivée au corps le brevet d'aptitude militaire), s'il y a des vacances dans le grade.

Sous-officiers. — Parmi les brigadiers ayant au moins cinq mois de grade et choisis parmi les plus instruits au point de vue militaire, les plus travailleurs et les plus aptes au commandement, le chef de corps nomme les sous-officiers selon les besoins.

Le soldat intelligent, assez instruit, énergique et travailleur, peut espérer arriver sous-officier s'il travaille convenablement.

Les gradés ont tous une responsabilité, variable selon leur grade; ils obéissent aux règlements et instructions et ils doivent arriver à faire bien appliquer par les cavaliers sous leurs ordres les règlements, les instructions et les ordres donnés; ils ont plus à travailler que les simples soldats. Ils ont des droits qui leur sont donnés par leur autorité. On doit donc les respecter, leur obéir et se comporter convenablement avec eux.

Ils sont d'ailleurs des hommes sérieux avec les cavaliers, et ils reçoivent à ce sujet des ordres précis.

Les gradés sont une force solide et importante qui donne de la valeur à une troupe, à l'armée.

Les gradés doivent traiter les militaires sous leurs ordres avec un esprit de justice et de bienveillance. Ils doivent éviter les violences, les abus d'autorité, les brimades, les écarts du langage et ils n'emploient jamais le tutoiement à l'égard des inférieurs.

12. *Sous-officiers rengagés.* — La valeur du sous-officier augmente quand il veut bien se consacrer plus complètement à l'armée, c'est-à-dire quand il rengage.

Les sous-officiers rengagés sont un appoint précieux pour une troupe dont ils augmentent la force et la valeur. Aussi l'État leur accorde-t-il une considération spéciale, une situation meilleure et une solde supérieure à celle des autres sous-officiers : une haute paie; ils peuvent se marier et, à leur libération, ils obtiennent un emploi civil, selon leur instruction, puis une retraite s'ils sont restés au moins quinze années au service militaire.

Le nombre des sous-officiers autorisés par la loi à rester sous les drapeaux, en vertu d'un rengagement, est fixé aux deux tiers de l'effectif total des sous-officiers.

Toutefois ce nombre pourra être porté aux trois quarts de cet effectif pour la nomination aux grades de sous-officier, de brigadier rengagés. La moitié des vacances de sous-officiers rengagés leur sera réservée.

Le nombre des brigadiers rengagés est fixé à la moitié de l'effectif total dans la cavalerie.

13. *Officiers de réserve pris parmi les soldats de la cavalerie.* — Chaque année, au bout de six mois de service, entre les soldats incorporés, appelés, ou engagés, un concours est ouvert pour l'admission à l'École militaire de cavalerie ou d'administration. Après un an de service à la caserne, les candidats admis entrent à l'École. La durée des études est y d'un an. A leur sortie les élèves sont nommés aspirants. Ils accomplissent le dernier semestre de leur troisième année de service comme sous-lieutenants de réserve.

A leur libération, ils sont nommés officiers dans la réserve et doivent conserver leurs fonctions pendant un temps fixé par le ministre de la Guerre au moment du concours.

A l'expiration de ce temps ils peuvent renoncer à leur

grade. Ceux qui le conserveront seront astreints à des périodes d'exercices fixées par le ministre de la Guerre.

Celui-ci pourra également autoriser, chaque année, un certain nombre de sous-lieutenants à rester dans l'armée active; ils ne pourront être nommés lieutenants qu'après un séjour dans une école d'application.

14. *Sous-lieutenants de l'armée active.* — Les sous-officiers qui sont dans les conditions d'ancienneté voulues, qui ont assez d'instruction générale, qui ont une belle instruction militaire et une bonne éducation peuvent, sur leur demande, être admis à concourir pour entrer à l'École militaire de La Flèche.

Ceux qui sont reçus à cette école militaire de cavalerie y restent une année, puis ils en sortent sous-lieutenants de l'armée active.

———

Nota

Étudiants sous les drapeaux. — Les étudiants des classes 1913 et suivantes sont autorisés à faire acte de scolarité sous les drapeaux dans les conditions prévues par l'arrêté du 15 avril 1914, qu'ils peuvent demander à consulter chez le major ou chez le trésorier du régiment.

Allocation aux familles des soldats qui étaient les vrais soutiens de famille (Loi du 7 août 1913).

Les familles des militaires remplissant effectivement, avant leur départ pour le service, les devoirs de soutiens indispensables de famille, auront droit sur leur demande, en temps de paix, à une allocation journalière fournie par l'État pendant la présence de ces jeunes gens sous les drapeaux.

Cette allocation est fixée par jour à 1f 25. Elle sera majorée de 50 centimes pour chaque enfant au-dessous de seize ans.

Les demandes sont adressées par les familles au maire de leur commune.

DEUXIÈME PARTIE

ÉDUCATION MORALE

CHAPITRE IV

FORCES MORALES D'UNE TROUPE

I. — Les qualités d'une bonne troupe et ses forces morales.

1. La *préparation à la guerre* doit être le but unique de l'instruction des troupes qui, en tout temps, doivent être en état de remplir leur *mission de guerre*.

L'instruction professionnelle doit être soutenue par des sentiments moraux assez puissants pour que toute troupe soit apte à accomplir les tâches les plus rudes, à s'imposer toutes les énergies, à accepter tous les sacrifices et à triompher des plus grandes difficultés.

Les forces morales constituent les facteurs les plus puissants du succès; elles vivifient l'emploi des moyens matériels, dominent toutes les décisions du chef et président à tous les actes de la troupe.

L'*Honneur*, le *Patriotisme*, inspirent les plus nobles dévouements; l'*esprit de sacrifice* et la *volonté de vaincre* assurent le succès; la *discipline* et la *solidarité* garantissent l'action du commandement et la convergence des efforts.

Au combat, le *soldat* fait appel aux plus nobles inspirations de son cœur, à son énergie et à son instruction militaire. Confiant en ses chefs, il doit, dans toutes les circonstances, obéir comme eux aux sentiments d'honneur, de discipline et d'abnégation.

C'est la valeur des troupes qui décide des affaires en dernier ressort : quel que soit leur nombre, quelle que soit l'habileté des combinaisons du chef, il faut, sur certains points, résister jusqu'au bout et se faire tuer sur place plutôt que d'abandonner le drapeau; sur d'autres, marcher coûte que coûte à l'ennemi et le chasser de sa position.

Le cavalier dirigé par ses officiers doit s'exercer à acquérir les qualités qui feront de lui un terrible et vaillant combattant qui saura remporter les victoires.

2. Les qualités principales d'une troupe sont :

Ses qualités passives, qui comprennent la résistance aux fatigues, l'endurance aux souffrances, l'habileté à faire un bon usage du terrain;

Ses qualités actives, qui comprennent l'habileté à exécuter des manœuvres et des reconnaissances, l'adresse dans le tir et dans l'emploi de ses armes et de sa lance;

Ses qualités impulsives, qui comprennent l'audace énergique sur son cheval dans l'attaque, la vigueur extraordinaire dans la charge et dans l'emploi de son sabre et de sa lance;

Ses qualités morales, qui comprennent l'amour de sa patrie et du drapeau, le sacrifice, la volonté, l'enthousiasme, l'honneur, le respect de la discipline, de ses supérieurs, puis la volonté absolue de vaincre.

Le moral d'une troupe non aguerrie peut être ébranlé dans les premiers combats. Il importe donc, pendant la paix, d'élever bien haut l'esprit et le cœur du soldat et de le convaincre que le salut de la patrie dépendra de son aptitude à supporter les fatigues et les privations de la guerre, comme de sa ténacité, de sa bravoure et de son entrain au combat et au feu.

Les qualités morales sont celles de l'âme humaine.

Ce n'est pas avec les procédés, les engins et les appareils, même les plus terribles, qu'on gagne les batailles, c'est avec l'âme qui est l'étincelle et le feu de l'homme. Un beau moral, voilà la poudre et l'explosif qui donnent la victoire.

Avec la possession de toutes ces qualités, cavaliers, vous saurez faire effort pour agir avec l'intention ferme et résolue du mouvement, de l'action qui procureront la victoire du pays, de la France.

Cavaliers, soldats, le pays compte sur vous !

Règles de conduite au quartier pour maintenir la force morale.

3. La force morale de l'armée résultant avant tout de l'union absolue de tous ceux qui la composent et de la confiance entière qu'ils doivent avoir les uns dans les autres, les cavaliers et les militaires de tout grade doivent éviter, dans leurs rapports réciproques, tout acte, toute controverse, toute affirmation d'opinion qui pourraient faire naître la désunion. Dans le service, ils ne doivent avoir d'autre souci que celui de remplir fidèlement leur devoir; hors du service, ils doivent s'abstenir strictement de tout acte qui pourrait leur aliéner la considération de leurs chefs, de leurs camarades ou de leurs subordonnés.

Les chefs donnent, à tous les degrés, l'exemple de l'observation de ces règles et ils doivent les faire respecter par leurs subordonnés.

II. — La Patrie.

4. La Patrie, c'est la France, c'est la nation française.

La Patrie, c'est la commune mère de tous les Français; c'est l'ensemble de nos lois, de nos institutions, de nos habitudes, de nos richesses; c'est notre sol, ses villes, ses monuments, ses cimetières; c'est notre belle histoire, nos ancêtres, nos héros, nos gloires, nos douleurs; c'est notre commerce, nos aspirations; c'est notre honneur.

Le *patriotisme*, c'est l'amour de la Patrie.

L'armée est faite pour la Patrie; elle a pour mission de la protéger et de la défendre.

A la Patrie donc, tout ce que nous avons et tout ce que nous pouvons!

L'honneur est la ligne de conduite de l'armée.

La devise de l'armée française est : « Honneur et Patrie ».

L'honneur est un sentiment qui n'admet en toutes actions que le bien, la justice, la loyauté et le désintéressement.

L'honneur militaire, c'est l'accomplissement parfait de tous nos devoirs de soldat, c'est la bravoure devant l'ennemi, c'est le sentiment qui, dans le combat, nous fait porter secours aux camarades en danger; c'est enfin le culte de la loyauté et des sentiments généreux.

III. — L'Étendard.

5. Le drapeau est l'emblème de la Patrie : partout où il flotte, là est la Patrie.

L'étendard du régiment ou le drapeau est non seulement l'emblème de la Patrie, mais encore il est le monument qui rappelle et honore la mémoire de tous ceux qui ont servi dans ce même régiment, et en particulier de ceux qui y ont bravement versé leur sang pour la France. Il rappelle nos combats et nos gloires.

L'étendard ranime le patriotisme. A sa vue, on fait intérieurement le serment de le suivre partout, de le défendre et de mourir, s'il le faut, pour la gloire du pays et pour la conservation de son intégrité.

Dans le combat, le cavalier doit toujours se rallier à l'étendard et il doit le défendre partout et toujours, même au péril de sa vie.

Partout on salue le drapeau et l'étendard; les sentinelles et les postes lui rendent les honneurs avec les armes, les trompettes sonnent la marche.

Rien de matériel ne peut en donner une idée. Le drapeau ou l'étendard, c'est l'idéal du sentiment qui exalte la noblesse et la valeur de la France; quand il flotte haut et fier, la France est grande ; quand il baisse son pavillon, la France chancelle ; quand il est voilé, la France est en deuil.

Les batailles inscrites sur l'étendard du régiment sont :

(Les lire sur le verso de la couverture.

Présentation de l'étendard.

IV. — La discipline. Les ordres. L'esprit de corps. La camaraderie.

6. La discipline est la soumission entière à tous les règlements militaires et l'obéissance complète à tous les chefs.

Ce n'est pas un asservissement, mais un devoir d'homme libre vis-à-vis de l'institution nationale de l'armée qui nous est imposée par la force des choses du monde.

Chaque homme d'un pays libre et civilisé comme la France doit se persuader lui-même et avoir la conviction intime que la discipline est une chose nécessaire et obligatoire. Il doit s'efforcer d'acquérir la vertu de s'y soumettre de lui-même spontanément, sans l'intervention d'aucune contrainte.

Une armée ne peut exister sans discipline, car sans discipline il n'y a pas d'armées possibles ; elles ne seraient que des bandes dangereuses, incapables d'arriver à un résultat ou d'obtenir le moindre succès.

Dans la famille, dans les sociétés et dans toutes les entreprises civiles, la discipline, c'est-à-dire l'exécution exacte des décisions du chef, est nécessaire aussi, mais dans l'armée le sentiment de la discipline doit être plus absolu que partout ailleurs.

Différence entre la discipline et les punitions. — Oui, discipline et punitions sont deux choses différentes. Un soldat est discipliné lorsqu'il possède le sentiment intime de l'obéissance et de la soumission, et que, par devoir, il le met partout en pratique.

Les punitions ne sont faites que pour la répression des incorrigibles, de ceux qui se dérobent au devoir et de ceux qui ne veulent pas se plier aux exigences de la discipline.

7. *Obéissance.* — On doit obéir immédiatement, sans hésitation ni murmure.

Le militaire doit l'obéissance à tous les gradés qui lui sont supérieurs en grade.

C'est le supérieur qui est responsable de l'ordre qu'il donné.

Le supérieur ne commande qu'en vertu de l'obéissance qu'il doit lui-même à ses supérieurs, aux lois et aux règlements militaires.

Dans l'armée tout le monde obéit, les soldats, les officiers, les généraux.

Chacun agit selon la volonté du chef de l'armée et selon les prescriptions des règlements.

Le cavalier doit exécuter les ordres reçus avec bonne volonté, avec goût et intelligence pour le bien du service.

Le cavalier, comme tout gradé, qui, dans certaines circonstances, se trouve sans ordres, doit cependant agir de lui-même. Il applique son intelligence et son bon sens à la situation actuelle et il s'inspire de la façon de faire et des intentions de ses chefs.

8. *Solidarité.* — La solidarité est une vertu qui trouve tout particulièrement à s'exercer entre les soldats.

Au régiment on vit de la même vie, on travaille pour le même but, on court les mêmes dangers, aussi a-t-on besoin de s'entr'aider, de vivre en coopération constante, et de faire bénéficier les camarades de son instruction, de ses talents et des diverses connaissances que l'on peut avoir.

9. *Esprit de corps* (1). — L'esprit de corps provient de la

____

(1) Il importe que les soldats lisent et connaissent l'historique du régiment, avec ses beaux faits d'armes.

camaraderie et de l'amour du régiment; c'est le sentiment bien naturel, qui fait rechercher l'honneur et tout le bien possible pour le corps dont on fait partie.

Pour cela, le soldat doit respecter son uniforme et le numéro de son régiment, faire tout ce qui est en son pouvoir pour le mettre en relief et pour en donner une haute idée par sa belle tenue, par son attitude, par son courage et par une conduite régulière et honnête.

Le bon soldat cherche partout à prouver que son régiment est parfait.

L'esprit de corps excite à accomplir, pour l'honneur du régiment, des actions de valeur, de dévouement et d'audace; il anime les courages et, dans les moments difficiles, il fait donner de bon cœur un suprême effort.

Dans un régiment où existe l'esprit de corps, on ne reste pas en arrière, on va de l'avant, on a du cœur, on marche droit au but, on attaque franchement l'ennemi!

10. *Camaraderie du champ de bataille.* — C'est le sentiment sublime qui fait secourir et protéger les camarades engagés dans le combat.

Si les camarades sont en mauvaise posture devant l'ennemi, il s'agit de les aider, de les dégager et de protéger leur retraite.

A moins d'ordres contraires, toujours il faut marcher au canon et à la fusillade.

V. — La volonté. L'enthousiasme. Le sacrifice.

11. *Notre volonté,* c'est nous-mêmes.

Dans la carrière militaire, la volonté n'a qu'à vouloir ce qui est prescrit et ce qui se présente pour le succès d'une affaire, sans avoir à délibérer, sans écouter divers conseils.

Il faut donc s'entraîner à vouloir, s'entraîner à agir sans dévier sa volonté, à arriver au but quel que soit l'obstacle ou l'ennemi. Sachons bien qu'on n'arrive à aucun résultat sans la volonté opiniâtre.

Vouloir, c'est se décider, c'est se déterminer.

Notre volonté, à nous soldats, doit être implacable.

Chez nous le vouloir doit être complet, entier et sans défaillances; nous devons posséder le vouloir malgré la fatigue, malgré la souffrance physique, malgré la faim, la soif et le sommeil. Alors une telle volonté épouvantera l'ennemi quel qu'il soit et lui imposera la peur qui est l'ennemi personnel de la volonté et qui saura rapidement réduire à rien l'adversaire qui sera ainsi terrassé par vous, les soldats français.

L'intelligence du chef est nécessaire, mais sachez bien qu'à la guerre l'intelligence a moins de part au succès que le vouloir obstiné et têtu de la troupe entière.

La volonté est la mère de l'audace et de la témérité qui savent procurer la victoire.

12. L'*enthousiasme* est l'exaltation de l'âme qui sait s'emparer d'une masse, d'un peuple ou d'une troupe pour la réussite ou le succès d'une affaire.

Une troupe s'enthousiasme facilement au chant des refrains guerriers ou patriotiques, au bruit du canon, au son de la *Marseillaise*, à la suite de paroles encourageantes d'un chef connu, énergique et audacieux, qui a du prestige et qui sait donner de l'impulsion. L'enthousiasme se produit encore à la vue d'un ennemi chancelant, hésitant et sur le point de battre en retraite, il éclate subitement sur le désir de vaincre et de réussir.

L'enthousiasme, c'est toute notre race française. La troupe, mieux que toute autre masse, sait s'enthousiasmer et se lancer vers le succès ; elle a pour elle la jeunesse.

Ce qui fait la beauté d'une troupe ce sont ses beaux yeux, ses regards francs, résolus et farouches où l'on voit l'impatience de la lutte, l'appel des assauts rouges et de ces charges victorieuses.

13. Le *sacrifice* est une des qualités qui ennoblit le plus l'âme du soldat.

Le sacrifice comprend l'abnégation dans l'ordre matériel, c'est le désintéressement, c'est l'oubli de ses intérêts ; il comprend encore l'abnégation dans l'ordre moral, c'est-à-dire le renoncement et l'oubli de sa personnalité.

Tous nous devons mourir, mais, pendant une campagne, chacun doit bien être pénétré que la vie ne compte pas et que cela ne signifie rien si nous mourons plus tôt ou plus tard.

L'important n'est pas de mourir, mais il faut que cela soit bienfait. Si l'on meurt de maladie, les amis et les parents peuvent pleurer, mais si c'est d'un coup de sabre ou d'une balle au front en faisant son devoir pour la Patrie, on ne pleure pas, on admire le brave, le héros et on conserve son souvenir avec admiration.

VI. — Devoirs envers les camarades.

14. Le cavalier doit respecter son camarade, agir envers lui avec fraternité, ne jamais le brimer et se souvenir qu'il lui doit aide, secours et conseils, surtout s'il est jeune soldat ou réserviste.

Il faut qu'il se souvienne que le dévouement mutuel facilite la vie commune et l'accomplissement du devoir militaire.

Les effets et les menus objets du camarade sont sacrés.

A la caserne, la principale serrure qui empêche d'y toucher, c'est la conscience.

Écoutons-la toujours et n'étouffons point sa voix.

La camaraderie du régiment est nécessaire; c'est un lien qui unit des hommes travaillant ensemble pour la même cause, courant les mêmes dangers, et appelés, en vertu de l'égalité, pour payer à la Patrie l'impôt du sang.

15. Tous les services sont gratuits au régiment; les hommes qui sont chargés d'emplois spéciaux ne les exercent vis-à-vis des autres qu'au point de vue de la camaraderie, et vis-à-vis de l'escadron qu'en vertu de l'exécution de la mission qui leur a été confiée, d'après leurs aptitudes, pour les nécessités du service.

VII. — Devoirs du cavalier envers sa famille et envers lui-même.

16. Le cavalier doit écrire régulièrement à sa famille, mais il doit lui dire la vérité et ne pas se plaindre inutilement.

Sa dignité personnelle lui impose de ne pas réclamer de l'argent à tout propos; souvent les besoins de la famille sont plus urgents que ceux du soldat.

Un bon soldat est aussi un bon fils.

L'État, pour faciliter au soldat de correspondre avec sa famille, lui accorde, gratuitement deux timbres-poste par mois.

Devoirs du cavalier envers lui-même. — Le cavalier doit se respecter dans ses paroles et dans ses actes.

Il doit se conduire partout avec dignité, éviter les mauvaises fréquentations, les cabarets borgnes et les habitudes d'ivrognerie qui dégradent l'homme et ruinent sa santé.

Son devoir d'homme et de soldat l'oblige à ne pas tenir des propos contraires à la discipline, au respect dû à l'armée et à l'autorité et à l'amour de la Patrie.

L'armée n'est pas une caste à part dans la nation; le soldat doit vivre en bonne intelligence avec la population (1), conserver toutes les bonnes habitudes et le langage convenable de sa famille, faire son devoir d'honnête homme et être toujours prêt à se dévouer pour protéger le faible et pour sauver toute personne en danger.

---

(1) Le soldat doit éviter toute relation verbale ou par écrit avec des civils antimilitaristes et avec des sociétés d'anarchistes qui chercheraient à le mettre dans une mauvaise voie.

La famille, le travail sage et la bonne conduite, voilà le seul vrai chemin dans la vie. Suivons-le et ayons confiance!

Le soldat doit avoir une réelle confiance en sa famille et envers les chefs des établissements divers de travaux, les patrons et la société, on l'aidera avec plaisir, à son retour dans la vie civile, à y trouver une situation convenable selon ses capacités.

17. — *Principaux défauts à éviter.* — Les militaires qui sont paresseux, menteurs ou ivrognes accomplissent leur devoir civique de soldat dans des conditions inacceptables. Ils doivent être punis.

Le militaire paresseux dans l'accomplissement de ses devoirs néglige le travail régulier et l'entraînement qui doivent assouplir ses membres, habituer son corps à la fatigue et faire de lui un cavalier fort, adroit, énergique et audacieux.

Le mensonge avilit le caractère du soldat, lui fait perdre sa dignité et lui fait suivre un chemin contraire à celui de l'honneur.

Une faute franchement avouée sera toujours moins sévèrement punie.

Quant à l'ivrognerie, elle est un vice honteux qui dégrade le cavalier et qui l'entraîne dans toutes les fautes, même dans le crime. Elle ruine petit à petit la santé et le tempérament de l'homme, qui procréera par la suite une postérité d'êtres misérables, inférieurs au point de vue moral et au point de vue physique.

L'ivresse est le pire des défauts, elle n'est pas une circonstance atténuante en cas d'accidents.

L'ivrogne sert mal son pays, c'est un homme sur lequel on ne peut pas compter pour les missions délicates en campagne. Il n'est plus apte à conduire son cheval, ce n'est plus un cavalier. C'est un mauvais soldat qui peut même devenir nuisible à la défense.

VIII. — Conduite en ville en cas de troubles.

18. Il faut avoir en ville une belle tenue, une bonne attitude et marcher d'un pas dégagé ; il est interdit aux militaires de fumer la pipe dans les rues, de mettre les mains dans les poches ou de lire en circulant en ville.

Le soldat doit faire le bien, avoir de bonnes fréquentations, éviter de s'arrêter et de se compromettre avec des femmes de mauvaise vie ; partout on doit le trouver poli, serviable et protecteur.

Il doit toujours respecter l'heure des services ; d'ailleurs *heure militaire* et *exactitude* sont synonymes.

Certaines précautions à propos des cafés et restaurants dans la garnison sont à observer : le soldat ne doit pas entrer dans des cabarets de mauvaise réputation, ni dans les maisons consignées. Sa place est au grand jour.

Le règlement s'oppose à ce que les militaires contractent des dettes, et il prescrit des punitions sévères contre ceux qui y contreviendraient.

19. Le cavalier doit :

1° Éviter de se mêler aux rassemblements bruyants ; il ne doit jamais manifester ni prendre part aux démonstrations politiques ou religieuses.

L'armée respecte le Gouvernement de la République, mais elle ne fait pas de politique ;

2° Ne pas se laisser questionner sur la mobilisation ni sur ce qui touche à la défense du pays ;

3° Ne pas faire de communication à la presse ;

4° Porter, toujours haut, dans ses conversations, le culte de l'armée, du drapeau et de la Patrie ;

5° Rendre toujours compte, même directement à son capitaine, de tout fait grave et de toute observation concernant le régiment ou l'armée, dont il aurait été témoin.

Le cavalier en ville lorsqu'il entend sonner « au feu » ne doit pas se rendre isolément au feu, mais rentrer rapidement à son quartier, où il attendra des ordres.

Si, exceptionnellement, il se trouvait en face du sinistre, il n'hésiterait pas à se rendre utile.

20. *Police à assurer.* — Tout militaire en uniforme doit prêter spontanément main-forte, même au péril de sa vie, à la gendarmerie, ainsi qu'aux autres agents de l'autorité, lorsque ceux-ci sont en uniforme ou munis de leurs insignes.

En l'absence de la police, il ne doit pas hésiter à arrêter un malfaiteur.

Le port du sabre est un honneur qui oblige le cavalier à la noblesse et à la grandeur des sentiments.

Le sabre ne doit sortir du fourreau que dans des cas de légitime défense. Ces cas doivent être bien établis ; ils sont d'ailleurs très rares.

21. *Conduite du militaire pour le maintien ou le rétablissement de l'ordre.* — A l'occasion d'émeutes, de grèves, de troubles ou de violation de la loi dans l'intérieur du pays, l'armée peut être légalement requise pour le rétablissement de l'ordre et pour imposer le respect de la loi. Dans ce cas, la troupe requise doit obéir et marcher avec tous ses chefs et tous ses soldats pour obtenir le respect de l'ordre et l'obéissance aux lois.

La responsabilité personnelle du militaire n'est pas engagée et ses scrupules doivent toujours s'effacer devant le devoir, sinon il est fautif et justiciable des tribunaux.

Dans ce service, le soldat doit être prudent, patient et n'agir que par ordre ; mais il est de la plus grande nécessité qu'il fasse absolument respecter sa consigne avec énergie et qu'il ait le dernier mot : Force doit rester à la loi et à l'autorité que représente l'armée.

S'il fait un service de garde ou de protection en ville ou s'il cantonne, il doit ne se compromettre avec personne, observer, au milieu des partis et des agitations, une justice absolue et la plus grande impartialité, enfin il ne doit jamais rien accepter du public sans l'autorisation supérieure de ses chefs responsables.

Cavaliers accourant pour prêter main-forte à la police.

TROISIÈME PARTIE

ÉDUCATION GÉNÉRALE DU SOLDAT
POUR LE TEMPS DE PAIX

CHAPITRE V

L'ARMÉE ACTIVE

I. — Rôle de l'armée dans la nation.

1. Le service militaire n'est que l'une des formes du devoir du citoyen, c'est celui qu'il doit à la Patrie qu'il faut aimer avant tout.

Le devoir militaire du citoyen est un devoir obligatoire qui est nettement formulé par la loi et par la discipline, qui le garantissent dans son exécution par des sanctions nécessaires.

2. *Rôle de l'armée.* — L'armée est la sauvegarde de la Patrie, de la France. Par sa force, l'armée oblige l'étranger au respect de la France et de ses institutions et e le permet au commerce national, aux sciences, aux arts, de se développer sans avoir à craindre à tout propos l'envahissement d'un ennemi.

A l'intérieur, elle assure l'ordre, le respect du gouvernement et de l'autorité, puis l'obéissance aux lois.

Elle maintient la paix, tout en préparant toujours la guerre. Le jour où elle aura à combattre l'ennemi, elle honorera la France en remportant des succès et en faisant courageusement le sacrifice de son sang.

Le dévouement de tous les membres de l'armée est un devoir civique envers la Nation.

L'ennemi de la France a comme but, non seulement de prendre une partie de notre territoire pour s'agrandir, mais aussi de s'emparer de nos biens, de nos intérêts matériels et des possessions et richesses de nos familles.

L'armée de la France, avec ses soldats, est faite pour lutter contre cet ennemi, le jour de la guerre, et pour maintenir en place les intérêts matériels et les biens de chaque Français.

3. L'armée a un double rôle :

1° A l'extérieur, où elle représente la force de la France contre toutes les puissances qui voudraient la ruiner, lui prendre ses pouvoirs, ses richesses et sa vitalité (*Le progrès mondial amènera peut-être, d'ici bien longtemps encore, une entente réelle et complète entre les peuples, c'est à désirer, mais ce n'est qu'un rêve encore bien loin de nous, lorsqu'on examine l'histoire du monde et des peuples entre eux, avec toutes leurs guerres. Restons donc forts et capables de nous faire respecter par une puissante armée, capable de préserver nos foyers, nos libertés, notre dignité et notre volonté*);

2° A l'intérieur, où elle est chargée d'assurer dans toute la nation l'exécution des lois françaises votées par les représentants élus par le peuple; elle est chargée aussi d'assurer l'ordre dans le pays, la liberté du travail et le respect des établissements industriels et de la propriété.

4. L'armée française est organisée sur le principe de l'égalité, car tous les citoyens y viennent et font partie de cette armée, qui est l'honneur de la Patrie; seuls les gens qui ont subi des condamnations honteuses en sont exclus. Quelles que soient les situations et les fortunes chaque homme y vient à son tour, le savant, l'artiste, le commerçant, l'ouvrier, le cultivateur, le riche, le pauvre, tous viennent se réunir ensemble dans l'égalité pour faire une belle armée puissante, instruite et obéissante aux lois.

L'armée est une école du travail, du devoir, du progrès et de paix sociale; elle achève, tout en développant leurs forces physiques, l'éducation des jeunes gens, qui, solides, valeureux, disciplinés à accomplir tous les devoirs dus à la famille, à la société et à la Patrie, seront alors de bons citoyens français.

II. — Le service militaire.

5. Poussé par les nécessités du moment et par la situation des peuples de l'Europe, le pays a fait la loi sur le service militaire, et a tenu compte, autant que possible, des intérêts des hommes de la Nation.

Le temps fixé pour le temps de service actif doit donc être accepté volontiers par tous les Français. C'est un impôt variable suivant le temps et les circonstances, mais qui est absolument nécessaire, puisque le Parlement et le Gouvernement l'ont accepté et décidé dans l'intérêt des progrès de la Patrie dans le monde.

Or, tout propos qui serait contre le principe du service militaire fixé serait une grave insulte à la discipline et au devoir.

Le devoir du soldat est donc sacré !

6. *Service militaire.* — Le service militaire est général et obligatoire pour tous. Chaque Français est soumis au service militaire pendant vingt-huit années. Le service militaire prescrit par la loi est l'impôt le plus sacré de tous : c'est l'impôt du sang.

Il comprend :

3 ans dans l'armée active ;

11 ans dans la réserve de l'armée active ;

7 ans dans l'armée territoriale ;

7 ans dans la réserve de l'armée territoriale.

Le service militaire compte du 1er octobre de l'année du conseil de revison.

Pour les engagés volontaires du jour de leur engagement.

La loi du recrutément est du 21 mars 1905 modifiée le 7 août 1913.

Les militaires des classes 1911 et 1912 ne font que deux années de service actif ; mais leur service total aura une durée de vingt-huit années, dont sept dans la territoriale et sept dans la réserve de la territoriale.

La loi du 7 août 1913 ne s'applique qu'à partir de la classe 1913.

Pendant la durée de leur service dans l'armée active ne sont pas assujettis à l'impôt personnel et mobilier les hommes de troupe dont la cote ne dépasse pas 10 francs en principal.

7. L'armée, dont la devise est « Honneur et Patrie », repose sur les principes suivants :

1° Le patriotisme et le dévouement ;

2° La discipline, la subordination et le devoir ;

3° L'obéissance et le respect ;

4° L'instruction militaire ;

5° La volonté de vaincre.

Au régiment :

1° On acquiert l'instruction militaire qui doit faire du jeune homme un cavalier instruit, brave, robuste, sachant combattre avec intelligence et avec ardeur ;

2° On y exalte les idées de fidélité, de dévouement et de sacrifice pour le pays, on y apprend l'honneur, l'amour du devoir et la haine de celui qui chercherait à porter atteinte à notre sol, à nos mœurs, à notre liberté nationale ;

3° On se prépare par la discipline et par les nobles sentiments de l'armée à devenir de bons citoyens ayant le respect de l'autorité et la conscience de leurs devoirs.

III. — Les supérieurs.

8. Le cavalier doit considérer ses supérieurs comme des chefs et des amis ; il doit leur obéir et se dévouer pour eux, car eux aussi se dévoueront pour lui. Les officiers et les soldats sont solidairement liés dans l'accomplissement d'une mission unique et de devoirs envers le pays, aussi collaborent-ils en commun, selon les degrés de la hiérarchie, à un même devoir national.

Soldats ! vos supérieurs cherchent à bien vous connaître pour vous guider, vous soutenir et pour obtenir de vous tout ce que vous pouvez donner pour le bien du service et pour la défense de la Patrie.

Vos officiers se sont voués à la Patrie, à l'éducation militaire de toute la jeunesse française pour la mettre à même de remplir son devoir civique de guerre; ils sont toujours prêts au sacrifice de leur vie pour la cause commune. Ce sont eux qui vous conduiront à l'ennemi le jour où notre sol sera menacé.

Tels sont les titres qui leur donnent droit à l'obéissance, au respect et au dévouement des soldats.

L'autorité de l'officier est incontestable, elle est une des plus légitimes. C'est lui qui crée l'armée, qui l'organise, et c'est sa valeur intellectuelle et morale qui fait la force de cette armée.

Méritez l'estime de votre chef, ayez confiance en lui, regardez-le bien en face, avec ce regard qui exprime la force, l'énergie et la loyale amitié.

9. Le chef de corps et les officiers de l'escadron, secondés par les sous-officiers, sont spécialement chargés de veiller aux intérêts particuliers du cavalier; ce sont eux qui lui procurent, grâce aux allocations de l'État, tout ce qui est nécessaire à sa vie, à son bien-être et à son entretien pendant le temps qu'il passe sous les drapeaux.

Si le cavalier a quelque chose qui le préoccupe, qui l'ennuie ou s'il a un désir soit dans le service, soit dans sa vie privée ou au sujet de sa famille, il fera toujours bien de le dire à son officier, à son capitaine, qui saura lui donner ce bon conseil qui enlève l'ennui et procure le calme.

Mais avant de s'adresser au capitaine, le cavalier devra demander au maréchal des logis chef s'il peut parler au capitaine.

Le cavalier doit aimer son régiment et le considérer comme une nouvelle famille de son pays, de sa patrie.

Le soldat doit respecter le Gouvernement de la République Française, le Président, chef de l'État, et les ministres chargés de l'exécution des lois et détenteurs du pouvoir.

IV. — Organisation et composition de l'armée.

a) Organisation de la cavalerie.

10. La nouvelle loi relative à la constitution des cadres et des effectifs de la cavalerie, en date du 15 avril 1914, en fixe ainsi la composition :

12 régiments de cuirassiers;

32 régiments de dragons;
23 régiments de chasseurs;
14 régiments de hussards;
 6 régiments de chasseurs d'Afrique;
 6 régiments de spahis;
 4 compagnies de cavaliers de remonte (Algérie et Tunisie);
17 groupes de cavaliers de remonte (en France);
Des escadrons de spahis coloniaux.

Chaque régiment de cavalerie se compose de 2 demi-régiments de 2 escadrons; il comprend donc 4 escadrons actifs et en plus 1 escadron de dépôt.

Chaque escadron actif est commandé par 1 capitaine commandant et se divise en 4 pelotons commandés chacun par 1 lieutenant ou sous-lieutenant. Le peloton est divisé en 3 escouades commandées par 1 brigadier. L'escadron a comme gradés : 1 adjudant, 1 maréchal des logis chef, 10 maréchaux des logis dont 1 fourrier, 12 brigadiers, 1 maréchal des logis ou brigadier maréchal ferrant.

L'effectif est de 161 cavaliers, et en plus des hommes du service auxiliaire, parmi les cavaliers il y en a 24 de 1re classe.

L'effectif d'un régiment est de 740 hommes.

L'escadron de dépôt, commandé par 1 capitaine, n'a que 2 lieutenants ou sous-lieutenants, 4 maréchaux des logis, 4 brigadiers et 51 à l'effectif total.

11. 2 ou 3 régiments forment 1 brigade et 2 ou 3 brigades forment 1 division de cavalerie; il y a 10 divisions de cavalerie en France qui sont : 1re division avec quartier général à Paris; 2e Lunéville; 3e Compiègne; 4e Sedan; 5e Reims; 6e Lyon; 7e Melun; 8e Dôle; 9e Tours; 10e Montauban.

Chaque division a avec elle un groupe d'artillerie à cheval de 3 batteries pour les trois premières divisions et un groupe cycliste de chasseurs à pied.

b) Composition générale de l'armée.

12. Un corps d'armée normal comprend :

Divers états-majors, 2 divisions d'infanterie (4 brigades, 8 régiments), la cavalerie nécessaire, 1 brigade d'artillerie qui détache des groupes avec les divisions d'infanterie, 1 bataillon du génie, 1 escadron du train des équipages, 1 parc d'artillerie de corps, 1 section de secrétaires d'état-major et du recrutement, 1 section de commis et ouvriers militaires d'administration, 1 section d'infirmiers.

La France, y compris l'Algérie, est divisée en 21 régions de corps d'armée. Les chefs-lieux sont : 1er, Lille; 2e, Amiens; 3e, Rouen; 4e, Le Mans; 5e, Orléans; 6e, Châlons; 7e, Besançon; 8e, Bourges; 9e, Tours; 10e, Rennes; 11e, Nantes; 12e, Limoges; 13e, Clermont-Ferrand; 14e, Lyon et Grenoble; 15ᵉ, Marseille; 16ᵉ, Montpellier; 17ᵉ, Toulouse; 18ᵉ, Bordeaux; 19ᵉ, Alger; 20ᵉ, Nancy; 21ᵉ, Épinal.

Les troupes coloniales stationnées en France forment un corps d'armée.

Chaque région comprend 8 subdivisions (1); à chacune correspond un bureau de recrutement. En outre, il y a 6 bureaux de recrutement à Paris, 1 à Versailles, 3 à Lyon, 3 en Algérie, 1 à la Réunion, 1 à la Martinique et 1 à la Guadeloupe. Total : 161.

13. *L'armée française* est formée de divers groupes, bataillons ou régiments de différentes armes répartis sur le territoire.

Ces régiments, bataillons ou groupes de militaires sont jeunes, actifs, très gais, travailleurs, instruits militairement selon leur arme; ils sont bien armés, bien équipés, désireux de vaincre et capables de lutter avec force, adresse et acharnement contre les ennemis de la France.

Tous ces groupes, bataillons et régiments, formeront, avec les réserves des corps, les régiments de réserve et la territoriale, l'armée nationale qui saura, pour conserver ses foyers, ses richesses et sa dignité, imposer sa volonté à l'ennemi, le terrasser et le repousser.

L'armée active française comprenait au commencement de l'année 1914 un effectif de 790.000 hommes, qui étaient répartis dans les corps ci-après :

Infanterie.

173 régiments d'infanterie.	12 régiments de tirailleurs
31 bataillons de chasseurs	indigènes.
à pied.	Des régiments étrangers.
6 régiments de zouaves.	5 bataillons d'infanterie légère d'Afrique.

Nota. — Un régiment d'infanterie en campagne renferme 3 bataillons; le bataillon compte 4 compagnies. La compagnie est l'unité, comme l'escadron dans la cavalerie et la batterie dans l'artillerie.

Cavalerie.

89 régiments, dont le détail est plus haut (soit en tout 445 escadrons).

---

(1) Les 6ᵉ et 20ᵉ régions ne comprennent chacune que 4 subdivisions; la 15ᵉ région en a 9; la 7ᵉ en a 6 et la 21ᵉ en a 2.

Artillerie.

62 régiments d'artillerie.
 2 régiments d'artillerie de montagne.
10 groupes d'artillerie en Afrique du Nord.
 5 régiments d'artillerie lourde.

9 régiments d'artillerie à pied en France.
4 compagnies d'ouvriers d'artillerie.
86 sections des types A, B, C, D.

Génie. — 11 régiments, dont le 5ᵉ est celui des sapeurs de chemin de fer et le 8ᵉ celui des sapeurs-télégraphistes, et 1 compagnie de sapeurs-conducteurs.

Train des équipages. — 20 escadrons (63 compagnies).

Gendarmerie. — 27 légions.

Secrétaires d'état-major et du recrutement. — 21 sections.

Commis et ouvriers militaires d'administration. — 25 sections.

Infirmiers militaires. — 25 sections.

Troupes aéronautiques. — 7 compagnies, des sections fixées par le ministre et 1 compagnie de conducteurs.

Divers. — 3 ateliers de condamnés aux travaux publics, 6 pénitenciers militaires, 1 dépôt des sections métropolitaines d'exclus, 7 sections spéciales métropolitaines, 4 sections en Afrique (régiments de tirailleurs algériens), 2 sections en Afrique (régiments étrangers), 1 section en Afrique (sur les confins marocains), 1 section en Indo-Chine (troupes coloniales).

V. — Colonies et troupes coloniales.

14. *Quelles sont nos principales colonies ?* — Les principales colonies françaises et les pays de protectorat sont :

En Afrique. — L'Algérie, la Tunisie, le Maroc, le Sénégal, le Soudan français, la Guinée française, la Côte d'Ivoire, le Dahomey, le Congo français et le Chari, Madagascar, la Réunion, les Comores et Obock.

En Asie. — L'Inde française (Pondichéry, Karikal, Yanaon, Mahé et Chandernagor); l'Indo-Chine française, qui comprend la Cochinchine, le Cambodge, l'Annam et le Tonkin.

En Amérique. — Saint-Pierre et Miquelon, la Guadeloupe et ses dépendances, la Martinique et la Guyane.

En Océanie. — La Nouvelle-Calédonie et ses dépendances, l'archipel de la Société avec Tahiti, les Marquises et les Touamotou.

La France a un corps d'occupation en Chine (1 brigade avec des services) et une troupe au Maroc pour établir le protectorat.

Les troupes coloniales sont organisées spécialement en vue de l'occupation et de la défense des colonies et des pays de protectorat.

Elles comprennent :

1o L'infanterie coloniale européenne.

24 régiments.

2o L'infanterie coloniale indigène.

11 régiments et environ 15 bataillons dans les diverses colonies.

3o L'artillerie coloniale.

7 régiments et diverses batteries, compagnies ou groupes.

4o Cavalerie coloniale.

Des escadrons de spahis coloniaux.

Cavalerie allemande.

15. Elle comprend 110 régiments, soit 550 escadrons.

CHAPITRE VI

SERVICE INTÉRIEUR

Marques de respect et de déférence.

1. Les marques extérieures de respect sont dues en toute circonstance, de jour et de nuit, même hors du service.

2. Le *salut* est exécuté de la manière suivante :
Porter la main droite ouverte au côté droit de la coiffure, la main dans le prolongement de l'avant-bras, les doigts étendus et joints, le pouce réuni aux autres doigts, la paume

de la main en avant, le bras sensiblement horizontal et dans l'alignement des épaules.

L'attitude du salut doit être prise d'un geste vif et décidé; tout militaire exécutant le salut de pied ferme ou en marche rectifie son attitude, lève la tête et tend les jarrets; il regarde la personne qu'il salue; le salut terminé, il replace vivement la main droite sur le côté.

Tout militaire croisant un supérieur, le salue quand il en est à six pas et continue à marcher en conservant l'attitude du salut jusqu'à ce qu'il l'ait dépassé.

Le salut.

S'il dépasse un supérieur, il le salue en arrivant à sa hauteur et conserve l'attitude du salut jusqu'à ce qu'il l'ait dépassé de deux pas.

S'il fume, il prend son cigare ou sa cigarette de la main gauche et salue de la main droite.

S'il porte un pli ou un paquet, il salue de même en prenant le pli ou le paquet de la main gauche.

S'il conduit un cheval en main ou est empêché de la main droite pour toute autre cause, il rectifie sa démarche et regarde son supérieur jusqu'à ce qu'il l'ait dépassé.

S'il croise un supérieur dans un escalier, il lui cède la rampe et se range pour le saluer.

S'il le croise à l'embrasure d'une porte, il le laisse passer le premier; dans la rue, il lui cède le haut du trottoir.

S'il est en voiture, il salue de la main droite comme s'il était à pied; il se lève si la voiture est à l'arrêt.

S'il est à bicyclette, il ralentit l'allure et salue de la main droite sans cesser de surveiller sa machine.

S'il entre dans un café, un restaurant ou tout autre établissement public où se trouve un supérieur, il salue avant d'aller s'asseoir. Il se lève et salue lorsque, étant assis à la terrasse d'un café ou d'un établissement public, il voit passer un supérieur sur la chaussée.

Le salut ne se renouvelle pas dans une promenade ou autre lieu public.

S'il croise un supérieur étant à cheval, il passe à une allure modérée avant de le saluer et, s'il marche dans le même sens que lui, demande l'autorisation de le dépasser.

S'il est en armes, il présente l'arme en tournant la tête du côté du supérieur.

Le salut est dû à tous les supérieurs des armées de terre et de mer, depuis le brigadier ou caporal inclus.

Il est dû aux décorés de la Légion d'honneur ou de la médaille militaire s'ils sont en tenue militaire; aux officiers et sous-officiers de pompiers; aux officiers de douane et de chasseurs forestiers.

Le militaire isolé, passant devant un étendard ou un drapeau, s'arrête, lui fait face, le salue, ou lui rend les honneurs s'il est en armes.

On salue le préfet, le sous-préfet, le secrétaire général en uniforme, ainsi que les officiers des armées étrangères.

Officiers et sous-officiers en civil. — Certainement, il faut saluer ceux des officiers et sous-officiers en tenue civile, qui sont autorisés à s'y mettre, que l'on connaît bien, puisque le respect est dû *en toutes circonstances* aux supérieurs.

Un militaire marque du respect envers son supérieur par ses prévenances et sa politesse à son égard, par sa tenue et son attitude correctes en sa présence.

On parle à un supérieur dans la position régulière du « garde à vous », après l'avoir salué.

On répond toujours à haute voix, avec calme, dans des termes convenables et en regardant dans les yeux, avec sincérité et confiance.

L'inférieur s'adresse à son supérieur avec politesse et déférence, sans se montrer timide ni obséquieux.

Le supérieur parle à l'inférieur avec fermeté, sans morgue ni raideur; le *tutoiement est interdit.*

Appellations.

3. On appelle un officier ou un adjudant : « *Mon...* » suivi du grade (1). Exemple : Mon lieutenant (pour le lieu-

-----

(1) On doit connaître le nom de tous les gradés de son escadron, puis des officiers de l'état-major du régiment. Inscrire les noms pages 3 et 4.

tenant et le sous-lieutenant), mon capitaine, mon commandant, mon colonel, mon adjudant.

Cette règle s'applique à tous les officiers combattants. (Pour le sous-lieutenant et le lieutenant-colonel, on dit : Mon lieutenant et mon colonel.)

On appelle un sous-officier et un brigadier par leur grade. Exemple : *brigadier, fourrier, maréchal des logis, aspirant,* etc. ...

Pour s'adresser à un médecin, à un sous-intendant, à un intendant, à un officier d'administration, au ministre de la Guerre et à certains hauts fonctionnaires, aux généraux gouverneurs de places fortes, on dit : « Monsieur le médecin-major. — Monsieur le sous-intendant. — Monsieur l'intendant. — Monsieur l'officier d'administration, — Monsieur le vétérinaire, — Monsieur le ministre, — Monsieur le sous-secrétaire d'État, — Monsieur le grand chancelier de a Légion d'honneur. — Monsieur le gouverneur. »

Militaire chez son supérieur.

Présentation à un supérieur.

4. Le cavalier, pour s'adresser à un supérieur pour une commission verbale ou pour lui remettre un pli, s'arrête carrément en face de lui, salue, prend la position du garde à vous, et fait sa communication verbale ou remet le pli de la main gauche.

Lorsque sa mission est terminée, il salue, fait demi-tour et se retire.

S'il a la carabine ou le sabre à la main, il se conforme à ce qui vient d'être dit, mais repose l'arme au lieu de saluer.

Si le militaire est à cheval, il salue et remet la dépêche de la main droite.

Un militaire interpellé par un supérieur prend une allure vive pour se porter à sa rencontre ; en toute circonstance il doit fournir avec empressement à son supérieur le concours dont ce dernier peut avoir besoin.

Les hommes de troupe qui doivent aller chez leurs supérieurs n'entrent qu'après avoir frappé ou sonné à la porte, ils saluent et ne se découvrent que si le supérieur les y autorise.

Récompenses.

5. On récompense les cavaliers de leur esprit de discipline, de leur bonne conduite et de l'ensemble de leurs services par :

1º Leurs bonnes notes, les félicitations verbales ou écrites ou à l'ordre du régiment ;

2º La nomination à la 1re classe et aux différents grades, emplois ou classes auxquels nomme le colonel ;

3º Le certificat de bonne conduite à la libération ;

4º Les dispenses de certains travaux, par des permissions et par des faveurs autorisées et compatibles avec le bien du service ;

5º Des décorations (médailles d'honneur, commémoratives, militaire, coloniale, universitaire, du mérite agricole, etc.).

6. *Cavaliers de 1re classe.* — On peut nommer 24 cavaliers de 1re classe par escadron.

Ils sont choisis parmi les cavaliers ayant plus de quatre mois de service, qui, par leur instruction, leurs aptitudes, leur conduite et leur tenue, paraissent susceptibles de servir de moniteurs et de prendre, en l'absence des gradés, le commandement de leurs camarades. Des nominations avant quatre mois de service peuvent être faites à titre exceptionnel pour récompenser un acte de courage ou de dévouement.

Éclaireurs. — Les éclaireurs doivent avoir une vue excellente, être intelligents, alertes, bons tireurs, bons cavaliers et bien trempés au point de vue moral. Leur nombre peut être porté à 20 par escadron.

Au point de vue moral, le bon soldat est heureux de pos-

séder la confiance et l'estime de ses chefs et de ses camarades; puis il a le bonheur d'avoir la satisfaction du devoir
accompli.

On est promu à un grade quand on le mérite et qu'on est
dans les conditions fixées plus haut au chapitre II.

Permissions. Prolongations. Congés.

7. *La permission est une récompense et jamais un droit.*

La demande en est faite au capitaine par l'intermédiaire
du sergent-major. Elle doit être accordée d'une façon ju-
dicieuse et impartiale.

On peut obtenir, le dimanche et les jours fériés, des permissions de vingt-quatre heures pour la garnison ou des
localités assez voisines.

Certains soirs, on peut obtenir du capitaine des permissions pour la soirée (10 heures, 11 heures, théâtre)
(22 ou 23 heures), mais jamais la nuit ou exceptionnellement
par le commandant.

On peut accorder des permissions faisant mutations aux
militaires accomplissant trois années de service actif d'a-
près l'article 21 de la loi du 7 août 1913, qui s'exprime ainsi :

« Les militaires engagés ou appelés pourront obtenir,
au cours de leurs trois années de service, des congés ou permissions jusqu'à un total de *cent vingt jours.*

« En dehors des fêtes légales, le nombre des absents dans
chaque compagnie ne dépassera pas 10 % de l'effectif fixé
par la loi (1).

« Toutefois, à deux périodes de l'année fixées par l'autorité militaire et ne dépassant pas deux mois, le pourcen-
tage pourra être de 20 %.

« Ces congés ou permissions seront supprimés en cas de
punitions graves, c'est là le seul motif. »

On accorde au cavalier la latitude d'indiquer pour ses
congés ou permissions les époques de l'année qui lui conviennent le mieux, mais c'est là une faveur qui ne saurait
ouvrir aucun droit à l'intéressé; par suite, lorsque le nombre
des cavaliers demandant à s'absenter à un moment donné
sera supérieur au chiffre d'absence autorisé (10 ou 20 % de
l'effectif légal), il sera donné satisfaction d'abord à ceux
dont la conduite et la manière de servir seront les meilleures; en outre, aux époques des travaux intensifs dans
les champs, qui seront déterminées chaque année par les
conseils généraux dans leur session d'avril, les agricul-

---

(1) Dans la cavalerie, l'effectif de l'escadron actif doit être
de 161 et celui du 5ᵉ escadron de 51. Les hommes du service
auxiliaire ne doivent pas intervenir dans les décomptes des
absences; on les envoie en permission en dehors des règles
établies pour les hommes armés; ils ont droit aussi à 120 jours
de permission dans les trois années de service.

teurs devront être désignés de préférence aux hommes d'autres professions,

La profession d'agriculteur sera reconnue au moment du conseil de revision pour les appelés, et par le recrutement pour les engagés volontaires.

Nota. — Les militaires servant aux colonies ou dans les protectorats qui n'auraient pas pu profiter des cent vingt jours de permission pourront en bénéficier en une seule fois avant leur libération.

Les permissions sont subordonnées aux nécessités du service; elles sont accordées de préférence aux époques où la progression de l'instruction s'y prête le mieux, à celles des fêtes légales, des travaux agricoles ou à l'occasion d'événements ou de cérémonies de famille.

Tout le monde doit, en principe, être présent pendant les séjours dans les camps et les manœuvres d'automne.

8. *Devoirs du soldat permissionnaire.* — Le permissionnaire doit se comporter avec dignité, éviter de compromettre son uniforme et le numéro de son régiment, soigner toujours sa tenue et pratiquer ponctuellement les marques de respect.

Pour une permission dépassant huit jours, le permissionnaire fait viser sa permission, dès son arrivée, par le commandant de la gendarmerie ou par le commandant d'armes dans une ville de garnison; il donne son adresse(1).

La permission doit être un temps de repos et une période réconfortante. Le permissionnaire peut s'occuper chez lui aux travaux habituels de sa profession. Il importe que la permission ne soit pas une fatigue et une occasion de boire, de veiller, de faire des noces et des festins. Il faut, au moment du retour, être bien disposé, ne pas se refroidir dans les gares, car à la rentrée à la caserne on pourrait faire des maladies pénibles dont les suites sont souvent fâcheuses et parfois déplorables.

L'homme sage et prévoyant doit réagir contre les entraînements qui le guettent à tous les pas; pendant sa permission, il doit s'occuper convenablement et conserver sa santé pour lui, pour sa famille et pour la Patrie.

9. Des frais de route peuvent être alloués par le ministre aux hommes de troupe indigents allant en permission ou en congé dans leur famille. (Seulement dans la limite des crédits budgétaires.)

Le soldat nécessiteux qui désire obtenir cette faveur en adresse la demande à son capitaine.

Jamais, ni en garnison, ni en permission, le port d'aucun

---

(1) A Paris, le permissionnaire se présente aux bureaux du général commandant la place (*en tenue très régulière*).

effet de fantaisie n'est autorisé. Le soldat qui en ferait usage serait toujours punissable.

Le chef de corps n'accorde qu'exceptionnellement le droit aux militaires de se mettre en civil pendant leur permission. Dans ce cas, l'autorisation est inscrite sur la permission.

10. *Rentrée de permission.* — Rentrer au régiment exactement à l'heure fixée. On ne doit jamais dépasser une permission, même d'une minute, sinon on est puni.

L'heure de la rentrée ne doit jamais être fixée après minuit.

Il ne faut pas faire mentir l'expression proverbiale : « Exactitude militaire ».

11. *Prolongation.* — On ne doit demander une prolongation que dans un cas de *nécessité urgente*.

Dans ce cas, on s'adresse à son chef de corps pour obtenir la prolongation dont on a besoin.

Toute prolongation de permission portant au delà de trente jours la durée de l'absence ne peut être demandée ou accordée que sous forme de congé.

Le permissionnaire qui contracte chez lui une maladie l'empêchant de rejoindre son corps en fait d'urgence la déclaration à son chef de corps en lui adressant le certificat médical, et celui-ci fait prendre les renseignements nécessaires.

12. *Convalescents.* — Le convalescent en congé se conforme exactement à ce qui est prescrit pour le permissionnaire.

S'il a besoin d'une prolongation, la gendarmerie le fait visiter par un médecin.

Devoirs en voyage.

13. Le militaire voyageant doit être porteur de son livret et être muni soit d'une permission, soit d'une feuille de déplacement; cette dernière est délivrée au militaire qui se déplace pour le service ou par ordre; dans ce cas, les frais de déplacement sont à la charge de l'État.

Le militaire muni d'un titre régulier paie quart de tarif sur les chemins de fer.

Les cavaliers voyagent ordinairement en 3e classe; ils peuvent voyager en 2e classe. Pour voyager en 1re classe il faut une autorisation spéciale du chef de corps portée sur la permission.

Les compagnies de chemins de fer peuvent faire usage pour les gros départs de militaires de voitures à marchandises aménagées.

Les employés des chemins de fer et l'autorité militaire

peuvent toujours se faire présenter le titre régulier de l'absence.

Il est expressément recommandé aux militaires, et notamment quand ils séjournent à l'étranger, de ne communiquer leur livret qu'aux autorités de leur pays ayant qualité pour le consulter.

Dans les gares et partout en voyage, le militaire doit se surveiller dans sa tenue, dans ses propos et dans son attitude; pratiquer rigoureusement les marques de respect, être poli avec chacun et faire honneur à son uniforme et à son régiment.

Quoique isolé, il importe qu'il n'oublie pas l'esprit de discipline, qui fait de son régiment une force imposante et réelle.

En toutes circonstances il donne l'exemple de la parfaite correction.

Punitions.

14. L'exécution rigoureuse des devoirs militaires et la nécessité absolue de la discipline dans l'armée entraînent l'obligation de la punition.

Manquements au devoir militaire et faute contre la discipline.

Sont considérés comme manquements au devoir militaire ou fautes contre la discipline et punis comme tels, suivant leur gravité :

Les actes contraires au respect que tout militaire doit, en toute circonstance, aux lois, au Gouvernement de la République et aux autorités qui le représentent;

Les infractions aux règlements militaires, l'inertie, la paresse, la mauvaise volonté, la négligence dans le service;

La divulgation des renseignements confidentiels; la manifestation publique, sous quelque forme que ce soit, d'opinions pouvant porter préjudice aux intérêts du pays, compromettre la discipline ou créer des difficultés aux autorités; l'inobservation des prescriptions relatives au droit d'écrire;

La violation des règles relatives à l'exécution des punitions; toute tentative de dissimuler son identité en cas de faute ou de se soustraire à la responsabilité de ses actes;

L'oubli de la dignité professionnelle; l'ivresse dans tous les cas, même lorsqu'elle ne trouble pas l'ordre; les querelles entre militaires ou avec des citoyens; les brimades;

Les manquements aux appels, à l'instruction et aux divers services;

L'inobservation des règlements de police, sans toutefois qu'une punition infligée pour ce motif puisse faire double emploi avec les responsabilités encourues devant l'autorité civile;

Tout murmure, tout écart de langage, tout défaut d'o-
béissance.

15. *Éviter les punitions.* — La punition n'existe, en somme,
que pour les hommes sans énergie, sans bonne volonté et
pour les incorrigibles. Il importe d'éviter les punitions
même les plus légères; leurs conséquences sont désas-
treuses.

16. *Répression d'une faute.* — Tout supérieur, quel que
soit son grade, depuis le caporal, et à quelque corps ou
service qu'il appartienne, a le devoir strict de contribuer
au maintien de la discipline générale en relevant toute faute
de ses inférieurs, et en s'efforçant d'y mettre fin lorsque
cette faute se poursuit.

Les simples soldats remplissant les fonctions de brigadiers ont les droits du brigadier; ils peuvent punir.

Les punitions des soldats sont variables selon la nature
des négligences ou des fautes. Elles sont :

La consigne au quartier;
La salle de police;
La prison;
La cellule;
Le renvoi de la 1re classe à la 2e;
Le renvoi ou la cassation d'un emploi spécial;
L'envoi aux sections spéciales.

17. *Manière de faire les punitions.* — Le *cavalier puni
de consigne au quartier* fait son service; il ne peut, en dehors
du service, sortir du quartier sous aucun prétexte. Il doit
répondre aux appels des punis et est employé aux corvées
dans les moments de liberté.

Le *cavalier puni de salle de police* fait son service; dans
les longs intervalles entre les séances d'instruction il est enfermé aux locaux disciplinaires, il y prend ses repas et reste
enfermé du repas du soir au réveil. On peut l'employer aux
corvées.

Il ne reçoit au quartier aucune visite.

Le *cavalier puni de prison* est en tout temps enfermé
isolément. Le chef de corps décide s'il doit paraître ou non
devant la troupe. Le service de semaine le fait manœuvrer
deux heures par jour.

Le *cavalier puni de cellule* reste enfermé isolément pendant toute la durée de sa punition. Si la punition est supérieure à quatre jours, il effectue sa punition par périodes
successives de quatre jours de cellule et de deux jours de
prison.

18. *Durée de la punition.* — Le chef qui a prononcé une
punition la notifie ou la fait notifier sans retard à l'intéressé; la punition commence dès qu'elle est notifiée.

Les punitions se décomptent par jour du réveil au réveil en commençant du réveil qui a précédé le commencement de la punition.

Sursis des punitions. — On peut accorder le bénéfice du sursis, pour un délai déterminé lorsque la faute est commise par négligence légère et inconscience ou par défaut d'instruction, et que le militaire fautif se recommande par sa bonne conduite habituelle.

Si le militaire ne commet pas de faute de même nature pendant le délai fixé, la punition est annulée.

Maintien au corps à la libération.

19. Le soldat reste au corps, après le jour fixé pour la libération, un nombre de jours égal à celui qu'il aura passé en *prison* ou en *cellule*, déduction faite des punitions n'excédant pas huit jours.

Néanmoins, ceux des militaires dont la conduite aura été satisfaisante depuis leurs punitions pourront bénéficier d'une réduction partielle et même totale, après comparution devant un conseil de discipline régimentaire.

Conseils de guerre.

20. Les militaires qui sont accusés de délits, de vols, de fautes graves d'indiscipline, de désertion, de crimes sont jugés par des tribunaux militaires spéciaux, les conseils de guerre.

Il importe de lire avec attention, *dans le livret individuel*, le Code de justice militaire; il instruira l'homme sur tout ce qui est crime ou délit militaire. Ce sera le mettre en garde contre toute défaillance et contre toute tentation d'oublier son devoir.

Demandes. Recommandations.

21. Toute demande, à moins d'urgence, est adressée au capitaine commandant par l'intermédiaire du maréchal des logis chef.

On ne doit pas se faire recommander par des personnes étrangères à l'armée et on doit empêcher de laisser adresser à ses chefs des lettres de qui que ce soit pour des demandes ou des recommandations.

Tout le monde est soldat : on doit se recommander soi-même par sa bonne conduite, par son application aux exercices.

Le cavalier transmet lui-même ses désirs et ses besoins à son capitaine.

Il importe que l'on sache bien que le capitaine place dans ses plus essentiels devoirs de s'intéresser à ses soldats, de se renseigner sur leurs besoins et de les traiter avec un esprit de justice et de bienveillance.

Que les cavaliers transmettent donc eux-mêmes à leur capitaine leurs désirs et leurs besoins.

Réclamations,

22. Le droit de réclamation est admis pour permettre aux militaires d'exercer, le cas échéant, un recours contre les mesures ou punitions imméritées ou irrégulières.

Les réclamations individuelles sont seules autorisées ; elles sont adressées au supérieur qui a pris la mesure ou prononcé la punition.

Le supérieur écoute avec calme et bienveillance ; puis, s'il y a lieu, il fait droit à la réclamation. S'il n'y fait pas droit, le militaire peut adresser à nouveau sa réclamation à une autorité supérieure ; si ce dernier n'y fait pas droit, il y a alors punition.

Travaux divers.

23. En dehors de son service normal, tout militaire est tenu d'accomplir, pour le service de l'armée ou de l'État, les travaux qui lui sont commandés, y compris ceux de la profession qu'il exerçait avant son service militaire.

Il ne lui est dû aucune rétribution, excepté celles prescrites par le ministre.

Ordonnances.

24. Les (officiers sont autorisés à employer chacun un soldat pour leur service personnel et pour le pansage de leur cheval.

Ils portent toujours la tenue militaire réglementaire. Un salaire leur est payé mensuellement par l'officier : 4 francs par cheval et 5 francs pour le service personnel de l'officier.

Employés.

25. En règle absolue, aucun homme de recrue ne doit, sous aucun prétexte, être distrait de l'instruction donnée dans son unité, ni pourvu d'un emploi, quel qu'il soit, soit comme titulaire, soit comme élève, au cours de sa première année de service.

Les employés, limités au nombre strictement minimum, doivent avoir le sentiment très net qu'ils sont des soldats et doivent rester soldats.

Ils doivent assister régulièrement à certains exercices.

Les soldats du service auxiliaire peuvent seuls occuper de vrais emplois nécessaires.

Les militaires du service armé affectés à des emplois interrompant leur instruction et qu'ils ne conserveraient pas à la mobilisation doivent alterner par périodes dont la durée n'excède pas un mois. Lorsqu'une dérogation à cette règle est d'absolue nécessité, un rapport spécial est adressé au général de brigade qui statue.

Employés du service auxiliaire.

26. Les hommes du service auxiliaire sont affectés à des emplois qui ne répondent qu'à des besoins du temps de paix ou qui entraînent le maintien au dépôt au moment de la mobilisation.

Ils sont soumis à toutes les règles de discipline, de police, d'hygiène et de propreté applicables aux cavaliers du service armé.

Devoirs dans la chambrée.

27. Le chef de chambrée est le plus ancien brigadier de la chambrée. Le cavalier doit obéir au chef de chambrée, agir avec lui en bon camarade, et lui faciliter sa tâche, car il est responsable des hommes et de l'exécution de toutes les consignes relatives à la tenue des chambres.

Nota. — A défaut de brigadier, les fonctions de chef de chambrée sont remplies par un cavalier de 1re classe de la chambrée.

Il commande, chaque jour, à tour de rôle, un cavalier de la chambrée pour nettoyer les planchers, essuyer les tables et les bancs, les planches ou armoires à pain, les planches à bagages et les râteliers d'armes, les portes et les fenêtres, porter les ordures à l'extérieur et remplir la cruche d'eau potable.

Après le lever et lorsque les hommes sont habillés, les chambres sont largement aérées. Toutes les fenêtres du même côté sont ouvertes; on découvre les lits et l'on ploie au pied du lit les différentes parties de la fourniture. Le balayage des planchers ne doit jamais être opéré à sec. On peut employer avec avantage le balai ordinaire et la sciure de bois mouillée ou imprégnée d'une solution antiseptique. Les armoires et les planches à bagages, le râtelier d'armes, les tables, les bancs sont essuyés, les ordures sont descendues et déposées à l'endroit désigné.

Toutes les semaines, les vitres sont nettoyées; lorsque le temps le permet, la literie est portée dans la cour et exposée au soleil pendant plusieurs heures; les couvertures et les matelas sont battus au grand air, autant que possible en dehors du quartier.

Pendant la saison froide, les locaux d'habitation sont modérément chauffés. Les poêles et les tuyaux de poêle qui laissent échapper de la fumée dans les chambres sont dangereux. Le fonctionnement des appareils de ventilation continue doit se faire régulièrement pendant la nuit et l'on ne doit pas en obstruer les orifices et s'exposer ainsi aux dangers du confinement.

La literie et le casernement doivent être complètement débarrassés des parasites par des nettoyages fréquents et en employant les ingrédients appropriés. Au début de la saison chaude particulièrement, il est nécessaire de procéder à une destruction des insectes. Il est défendu de cracher à terre dans les chambres et les escaliers. Un crachoir est placé dans chaque local. On emploie de préférence des crachoirs incinérables, garnis de tourbe ou de toute autre substance combustible. Un décrottoir est placé à l'entrée de chaque bâtiment et au bas des escaliers.

Les objets servant au nettoyage des chaussures, les objets de cuir composant le harnachement doivent être déposés à l'extérieur des chambres, soit dans une salle réservée à l'astiquage, soit dans des armoires disposées sur les paliers.

Une fois par semaine le nettoyage de la chambrée se fait à fond.

Le brigadier de chambrée interdit dans sa chambrée toute espèce de brimade ou de plaisanterie déplacée, notamment à l'égard des jeunes cavaliers; il réprime tout ce qui se fait ou se dit contre le bon ordre.

Il empêche en outre de fumer au lit, de se coucher sur les lits avec des chaussures, et, d'une façon générale, de dégrader ou de salir aucun objet du casernement ou effet de couchage.

Il fait l'appel du soir en présence du maréchal des logis de semaine et le rend au sous-officier d'appel.

Pendant la nuit, si un homme est gravement malade, il avertit le maréchal des logis de garde de la nécessité de faire venir le médecin de service; dans le jour, il prévient le maréchal des logis chef ou, à son défaut, le maréchal des logis de semaine.

28. *Prescriptions pour l'entretien des effets.* — Le cavalier répare et entretient lui-même ses effets d'habillement et son linge; il est tenu de nettoyer, de brosser et de ranger chacun de ses effets lorsqu'il les quitte dans la journée; en tout cas, il doit toujours le faire le soir.

Son paquetage ou sa charge doit toujours être fait réglementairement.

Il est interdit de prêter aucun effet à un camarade.

Le cavalier doit entretenir avec un grand soin les effets de harnachement de son cheval : sa selle avec les accessoires, sa bride, ses deux mors, ses étriers, son licol, son bridon, etc.

29. *Boîtes particulières.* — A défaut d'armoires fournies par le casernement, le capitaine *autorise les brigadiers et cavaliers à se pourvoir de boîtes fermant à clef*, sous la réserve, toutefois, que ces boîtes pourront être, en tout temps, visitées en présence des détenteurs par les officiers, l'adjudant, et le maréchal des logis chef.

30. *Nettoyage et entretien des locaux communs et divers travaux.* — Des consignes générales sont données pour assurer la propreté et l'entretien des locaux communs et des chambrées, pour l'observation des règles d'hygiène et pour les distributions.

Les hommes reçoivent à ce sujet des ordres dont ils doivent assurer la ponctuelle exécution.

La troupe doit pourvoir elle-même à tous ses besoins d'intérieur et à tous les petits travaux de nettoyage, d'installation et de mise en état du matériel, des divers locaux et des cours; elle doit également apporter au quartier les denrées, les matières et objets qui lui sont nécessaires et s'occuper aussi de la préparation des aliments. De là la nécessité des corvées.

Les cavaliers sont commandés à tour de rôle pour les corvées. Ils doivent apporter à leur exécution de la bonne volonté, de l'initiative, de la rapidité et de l'intelligence pratique, puis agir comme ils agiraient chez eux pour leurs affaires personnelles.

Ils trouveront un stimulant dans la pensée que leur travail et leurs efforts sont utiles à tous et qu'ils contribuent, à leur tour, au bien-être général.

31. *Service du quartier.* — Dans chaque quartier on commande en général un poste de police, un demi-escadron de piquet (service de place, incendies et services extraordinaires). Tous les militaires de la fraction de piquet ne peuvent pas quitter le quartier, ils restent prêts à prendre les armes.

Les cavaliers sont désignés à leur tour dans l'escadron pour prendre part aux corvées de distribution, de nettoyage, de transport, etc... C'est un service régulier important.

Visites d'officiers.

32. Le cavalier ou le gradé qui le premier voit un officier subalterne ou supérieur non chef de corps entrer dans la chambre commande : *Fixe* ! A ce commandement, les soldats se lèvent, se découvrent et gardent l'immobilité et le silence jusqu'à ce que l'officier soit sorti ou qu'il ait commandé : *Repos* !

Si c'est un officier supérieur chef de corps ou un général, on commande d'abord : *A vos rangs* ! Les soldats se placent au pied du lit, s'alignent, puis au commandement de *Fixe* qui suit immédiatement, on exécute ce qui est prescrit ci-dessus.

Si on est en armes, on ne se découvre pas et on reste immobile reposé sur l'arme.

Service médical.

33. Le cavalier malade, indisposé ou ayant une affection quelconque à un organe, doit le déclarer de suite à son chef de chambre : c'est une obligation.

Le brigadier de semaine, porteur du cahier de visite, conduit les hommes malades à la visite journalière du médecin. Ceux-ci sont examinés individuellement, et sans témoin s'ils le demandent. Le malade qui ne peut pas se lever est transporté à l'infirmerie.

Si, à la visite, un soldat est formellement déclaré non malade, on le punit, mais, en principe, la punition est ajournée pendant 8 jours et le militaire, pendant ce temps, garde les arrêts simples.

34. *Soins aux malades.* — Suivant le degré de gravité ou de contagion, ils sont soignés soit dans un local spécial soit à l'infirmerie, soit à l'hôpital.

35. *Tromperie.* — C'est un abus de confiance que d'aller tromper le médecin et de surprendre sa bonne foi; c'est une paresse indigne d'un homme. Cette déplorable pratique est cause de la méfiance des docteurs, méfiance qui peut leur faire commettre des erreurs.

Cette malhonnête habitude a pris naissance chez les soldats des armées mercenaires, les cavaliers paresseux la conservent. Aujourd'hui, cependant, elle ne saurait subsister dans l'armée nationale; la déraciner est le devoir de tout soldat! On ne doit pas la tolérer chez les camarades de l'escadron.

Il faut avoir un peu de courage et d'énergie pour réagir contre la paresse. Le cavalier trompeur mérite une punition sévère.

Si, par hasard, un cavalier, sans être malade, se sent fatigué, il en fait part au maréchal des logis, ou à son officier ou au capitaine; il peut être certain qu'on lui donnera s'il y a lieu, une permission d'exercice, de la manœuvre, ou un adoucissement dans le service.

En outre, aux jours et heures fixées, les soldats sont autorisés à demander des conseils aux médecins militaires, sans se faire inscrire sur le cahier de visite de l'escadron.

Visite des permissionnaires.

36. Les hommes partant en congé et en permission d'au moins deux jours et ceux qui rentrent d'une absence de plus de huit jours sont visités par le médecin conformément aux instructions que le colonel donne à cet effet; ceux qui, à la visite du départ, présentent les symptômes d'une affection même légère et non contagieuse, sont retenus au régiment jusqu'à la guérison complète.

Visite générale mensuelle. Pesée.

37. Tous les mois, afin de constater l'état général de

santé des militaires du régiment, et, le cas échéant, de re-connaître les symptômes de maladies contagieuses, le mé-decin chef de service passe lui-même ou fait passer une vi-site individuelle de tous les sous-officiers non rengagés, brigadiers et cavaliers; cette visite porte sur l'organisme entier.

Les hommes qui le désirent sont examinés isolément.

Chaque trimestre ils sont examinés au point de vue de l'état de leur dentition.

La pesée périodique des hommes de l'effectif a lieu, une fois par mois, pendant les six premiers mois du service; après cette période la pesée ne se fait que tous les deux mois, au cours d'une des visites générales.

Les militaires arrivant au régiment, sont, s'il y a lieu, vaccinés contre la variole. La loi du 28 mars 1914, rend obligatoire dans l'armée la vaccination contre la fièvre typhoïde.

Accidents dans le service.

38. Les militaires victimes d'un accident sont soignés par les médecins militaires. Si l'accident a eu lieu dans le service et à l'occasion du service, il leur est délivré un *Certificat d'origine de blessure ou de maladie*, qui peut, selon le cas, leur ouvrir des droits à la réforme avec gratification.

Service postal.

39. Le sous-officier chargé du service postal est le va-guemestre; il remet les lettres ordinaires aux soldats par l'intermédiaire du maréchal des logis de semaine.

Il remet directement les chargements et les lettres re-commandées.

Il est placé près du poste de police une boîte aux lettres, le vaguemestre en a la clef. Les heures des levées sont ins-crites sur la boîte.

40. *Mandat à toucher.* — Le cavalier remet son mandat au maréchal des logis qui le donne au vaguemestre; ce-lui-ci le paie le jour même, en présence du maréchal des logis de semaine, au cavalier porteur de son livret et de la lettre; le cavalier signe le registre du vaguemestre.

Sur la présentation d'un titre régulier d'absence, les mi-litaires peuvent toucher directement, dans tous les bu-reaux de poste, les mandats et bons de poste qui leur sont adressés.

41. *Timbres-poste gratuits.* — Pour profiter des deux timbres-poste gratuits qui lui sont accordés mensuellement, le soldat dépose sa lettre fermée au bureau de l'escadron et signe sur un registre; c'est le vaguemestre qui place lui-même le timbre-poste. Le cavalier est libre de prendre les deux timbres simultanément ou à des dates différentes.

L'appel du soir.

42. L'appel du soir a lieu en principe à 21 heures (9 heures). Les rengagés et les décorés de la Légion d'honneur ou de la médaille militaire en sont dispensés. Ils doivent rentrer à 23 heures (11 heures du soir).

Tous les rentrants après l'appel du soir sont tenus de se présenter au chef du poste de police.

Sociétés de secours mutuels.

43. Des sociétés de secours mutuels sont constituées par régiment, entre les militaires appelés ou engagés.

Ces sociétés sont purement facultatives, l'entrée a lieu à la suite d'une simple demande adressée au capitaine.

Dans ces sociétés, moyennant une cotisation extrêmement minime, les militaires de passage sous les drapeaux pourront constituer un fonds de prévoyance destiné à leur permettre de rentrer ou d'entrer, après leur libération, dans les sociétés de secours mutuels civiles. Les sociétés de secours mutuels régimentaires auront, en outre, pour objet de procurer aux soldats un livret individuel sur la Caisse nationale des retraites, ou de continuer les versements déjà opérés sur les livrets individuels dont ils étaient titulaires avant leur incorporation. Elles accorderont des secours immédiats aux membres participants, à leurs veuves, orphelins ou ascendants; enfin, elles créeront un office de placement gratuit, afin de permettre aux soldats, à leur sortie du régiment, de trouver plus facilement du travail.

Livrets.

44. Le soldat a deux livrets : le livret individuel et le livret matricule; ils contiennent tous deux l'état civil du soldat, les renseignements sur ses services, sur sa situation militaire, sur son instruction générale et militaire, puis les mesures de l'homme.

Inscriptions spéciales du livret individuel. — On y inscrit le classement et les récompenses de tir, y compris les prix et les mentions honorifiques obtenus par tout militaire dans les concours des sociétés non militaires.

Les effets distribués, les armes et les effets de campement s'inscrivent sur un fascicule spécial qui se place dans le livret individuel.

Il contient ensuite le Code de justice militaire, les obligations des soldats dans leurs foyers, des cases pour le visa de la gendarmerie lors des changements de domicile ou de résidence, un billet d'hôpital (à utiliser en campagne) ; à la libération, on le complète par un fascicule renseignant sur la position et la destination du soldat dans ses foyers.

Renseignements sur le livret matricule. — Le livret matricule porte l'inscription des punitions et les punitions qui ont un sursis y sont inscrites sur une feuille réservée à cet usage, puis en plus un état de notes qui est rempli à la libération.

Le livret matricule reste entre les mains du capitaine.

Livret individuel pour le militaire dans ses foyers. — Le livret individuel est, pour le militaire, une pièce authentique et officielle qu'il doit pouvoir présenter à toute réquisition de l'autorité civile, militaire ou judiciaire.

On est tenu de conserver son livret jusqu'à la libération définitive du service militaire, c'est-à-dire pendant vingt-huit années, et de le présenter à toute réquisition de l'autorité militaire.

Il faut éviter de lui faire subir aucune détérioration.

L'homme qui perd son livret, étant dans ses foyers, doit en faire immédiatement la déclaration à la gendarmerie qui la transmet.

Le commandant de recrutement lui fait établir un nouveau livret (duplicata) et un nouveau fascicule qui sont délivrés gratuitement.

Il importe que l'homme n'apporte *aucun retard dans cette déclaration de perte,* qui d'ailleurs serait toujours reconnue.

Correspondance militaire.

45. On doit se conformer au modèle ci-après pour la correspondance militaire, supprimer tout préambule, n'employer que des termes convenables et respectueux envers les supérieurs et terminer sa lettre par la signature, sans formules de politesse.

Les hommes de troupe *en activité de service* qui ont des demandes à faire par écrit les adressent à leur capitaine ou, s'il y a lieu, au chef de corps par la voie hiérarchique.

MODÈLE

Modèle.

• CORPS D'ARMÉE   A _______________ le _______________ 19 .
_____

• DIVISION
_____   Le (¹) _______________________________ du

• BRIGADE   ᵉ escadron du _______ ᵉ régiment
_____   d_______ au (²) _______________

• RÉGIMENT

_______________ à _______________________

Objet :   J'ai l'honneur de (⁴) _______________

Au sujet de (³) _______________________

____

Coopératives ou cercles pour les brigadiers et cavaliers.

46. Le service intérieur autorise la création dans les casernes de salles de coopératives ou cercles pour les brigadiers et cavaliers qui ont pour but de leur procurer, à certaines heures, un local pour écrire, lire, travailler, s'amuser ou jouer, et dans lequel on peut leur servir des boissons hygiéniques.

Ces installations sont organisées en groupements coopératifs et peuvent être considérées comme un prolongement de l'ordinaire.

Il y a tout intérêt, au point de vue de l'hygiène et de la bonne camaraderie, à fréquenter ces locaux partout où on a pu les organiser.

La gaieté, l'ordre et la plus parfaite mutualité doivent y régner.

Il peut y avoir plusieurs salles de vente si le quartier a plusieurs salles de récréation.

Salles de lecture et de correspondance.

47. Lorsque les ressources du casernement le permettent, une salle de lecture et de correspondance est organisée autant que possible par escadron.

Les menus frais de papier à lettre, enveloppes, etc., sont imputés à la masse des dépenses diverses dans les limites réglementaires.

_____

(1) Indiquer le nom et le grade de celui qui écrit.
(2) Indiquer le grade et l'emploi de celui à qui on écrit.
(3) Indiquer sommairement le but de la lettre.
(4) Exposer simplement l'objet de la demande ou la réponse. On emploie ordinairement du papier du format écolier 20 × 30.

Ces ressources peuvent être complétées par un prélèvement sur les bénéfices retirés de la gestion de la coopérative.

Cette salle peut servir de réfectoire.

Bibliothèques.

48. Dans chaque corps, il doit exister une bibliothèque commune à tous les hommes de troupe, alimentée par des dons et par des prélèvements sur les bénéfices de la coopérative.

Il existe aussi, en général, des bibliothèques d'escadrons, constituées dans les mêmes conditions.

CHAPITRE VII

HABILLEMENT — TENUE

I. — Habillement et entretien.

49. Les cavaliers doivent toujours être pourvus de tous les effets réglementaires ci-après :

A. *Habillement* (3 collections) :

1° *Collection de guerre* (1) ou de campagne (conservée en magasin) : 1 tunique, 1 culotte, 1 paire de brodequins, des jambières, des lacets, du linge (effets neufs);

2° *Collection n° II d'extérieur ou de sortie* : 1 képi, 1 casque ou shako, 1 tunique, 1 manteau, 1 culotte, 1 paire de brodequins, 1 paire de jambières en cuir, 1 bonnet de police;

3° *Collection n° III d'instruction ou de travail* : 1 képi, 1 tunique, 2 culottes, 1 paire de brodequins, 1 paire de jambières en cuir.

B. *Effets de toile* : 2 bourgerons-blouses et 3 pantalons de treillis.

C. *Grand équipement* : Le ceinturon (bélière), la dragonne (courroie, gland, coulant), la bretelle de carabine, la courroie de bidon, l'étui à revolver (banderole, ceinture, étui).

D. *Petit équipement* : Chemises, caleçons, cols ou cravates, bretelles, flanelles, les chaussures, les éperons (branches, tige, queue), les brosses, les boîtes à ingrédients, les trousses garnies, les petits bidons, les quarts, gamelles, cuillères, les objets de pansage, pompon et plumet, etc.

E. *Coiffure* : Le shako (carcasse en cuir, 1 cercle en tôle d'acier, 1 calot en cuir noir verni, 1 manchon en drap bleu, 1 visière cerclée en cuivre, 1 pourtour supérieur, 1 bourdalou,

----

(1) Certains corps désignés par le ministre n'entretiennent pas de collection de guerre; elle est remplacée alors par un approvisionnement de précaution.

Ces corps se constituent une seconde collection n° III, l'une pour la tenue de ville ordinaire, l'autre pour les exercices et corvées. Leur collection n° II est ainsi ménagée pour pouvoir être prise pour faire campagne; on ne la porte que pour la grande tenue ou pour la garde.

1 cocarde, 1 gousset porte-pompon), le casque (1 bombe en acier garnie d'un turban, 1 visière, 1 couvre-nuque, 1 bandeau, 2 jugulaires, 1 cimier, 1 houpette [cuirassier], 1 crinière, 1 porte-plumet).

F. *Cuirasse* : 1 plastron, 1 dos, 1 matelassure.

50. *Réparations.* — Toutes les petites réparations sont faites au jour le jour par l'homme, qui doit entretenir ses effets en bon état de conservation et de propreté.

Il répare le linge dès qu'il rentre du blanchissage.

Il doit toujours avoir du fil de différentes nuances, des boutons, des lacets, des aiguilles, de la cire, de l'encaustique; de la graisse d'arme, des curettes en bois, du tripoli, du dégras, des clous à souliers, du suif, etc.

51. Le cavalier est responsable de tous les effets qui lui sont confiés. Ils sont inscrits sur le fascicule pour l'inscription des effets, qui se place pendant le service actif dans le livret individuel. On les y inscrit avec la lettre indiquant leur classement et le numéro du mois de distribution. Les effets distribués sont neufs (N), bons (B) ou d'instruction (I).

Un effet distribué bon en avril 1911 s'inscrira : B⁴ dans la colonne de l'année. L'homme doit s'assurer souvent de la régularité des inscriptions en consultant son livret, puisqu'il est responsable.

52. *Cas d'absence.* — Les effets que l'homme laisse en allant en permission, en congé ou à l'hôpital, sont placés dans son sac à distribution que l'on dépose au magasin. L'état en est établi, signé par le maréchal des logis chef et par l'homme; si l'homme ne peut assister à l'inventaire, le brigadier et un soldat le remplacent.

53. *Masse d'habillement.* — Tous les effets des catégories ci-dessus sont fournis par le magasin de l'escadron qui s'approvisionne au magasin du corps. Tout effet est remplacé après usure constatée dans les inspections que le capitaine passe ou qu'il fait passer.

Les effets sont tous matriculés, même les effets personnels dont le cavalier se sert pendant son service militaire.

C'est la masse d'habillement qui fournit les fonds nécessaires pour l'achat des effets. Elle s'alimente par une prime journalière et par homme de :

0ᶠ 295 pour les hussards et chasseurs à cheval;

0ᶠ 305 pour les cuirassiers, 0ᶠ 30 pour les dragons, 0ᶠ 285 pour les chasseurs d'Afrique et 0ᶠ 275 pour les spahis.

Les *fonds particuliers* de l'escadron fournissent d'abord tous les effets d'habillement, de grand et de petit équipement; ils pourvoient, en outre, aux dépenses suivantes :

1° Frais et matériaux pour les réparations à l'habillement, à la chaussure et à la coiffure;

2° Diverses dégradations résultant de la faute et de la

négligence des hommes (l'homme est alors souvent punissable);

3° Achat des objets et ingrédients pour l'entretien des chambres, des armes et des effets (cruches, cirage, graisse d'armes, essence, etc.);

4° Achat et entretien du linge de cuisine, des sacs à distribution, des ustensiles de cuisine, de la vaisselle de réfectoire, etc.;

5° Blanchissage du linge, savons et ingrédients pour la propreté corporelle et l'hygiène, matériel du perruquier.

II. — Sorties en ville. Tenue.
Cheveux. Barbe.

54. *Sorties.* — Les cavaliers doivent s'abstenir de tous actes, de toute attitude, de tous propos et de toutes fréquentations qui permettraient de mettre en doute leur fidélité au devoir, leur soumission aux lois ou leur respect pour les institutions du pays. En toute circonstance, ils donnent l'exemple de la correction.

Il est interdit aux militaires de fumer la pipe dans les rues, de mettre les mains dans les poches ou de lire en circulant en ville, de se donner en spectacle dans les luttes foraines.

La tenue de sortie doit être irréprochable. Les effets, excluant toute fantaisie, doivent être très propres et toujours boutonnés, la coiffure placée droite, la cravate bien ajustée, la chaussure en bon état et pourvue d'éperons.

Le sabre est mis au crochet pour conserver la liberté des mains; lorsqu'il n'est pas au crochet, il est porté de la façon suivante : la main gauche embrassant le fourreau à hauteur de l'anneau, la garde en avant et le fourreau incliné d'avant en arrière. Le sabre doit être conservé dans les théâtres ou lieux de réunions analogues.

Le deuil de famille se porte par un crêpe en brassard au bras gauche.

55. *Différentes tenues.* — Au dehors, les tenues sont au nombre de quatre :

La *tenue de travail*, réglée par le commandant de l'unité ou l'officier qui commande le travail ou l'exercice;

La *tenue de sortie*, fixée par le commandant d'armes, qui fixe également l'heure à partir de laquelle elle doit être prise;

La *grande tenue*, définie par les instructions ministérielles;

La *tenue de campagne*, définie par les instructions ministérielles.

Les effets de travail peuvent être en veste, en manteau, en capote ou en effets de toile suivant le cas.

Au quartier et surtout pour les repas, on est en effets n° 3 ou en toile.

56. *Cheveux et barbe.* — Les militaires portent les cheveux courts, surtout par derrière, la moustache avec ou sans la mouche, ou la barbe entière. Pendant les périodes d'exercice, les militaires réservistes ou territoriaux sont autorisés à conserver leur port de barbe habituel.

CHAPITRE VIII

SOLDE — ORDINAIRE — PRESTATIONS DIVERSES

Solde.

57. Le prêt est la solde du cavalier, qui lui est payée tous les dix jours par le brigadier d'escouade; il permet au soldat d'acheter les menus objets dont il a besoin et de payer son tabac s'il fume.

La solde journalière est :
Pour le cavalier. 0ᶠ 05
Pour le brigadier . . . . : 0 22

Ordinaire.

58. L'*ordinaire* est le régime adopté pour la nourriture du soldat.

On peut dire que c'est l'organisation de l'escadron en une société coopérative pour nourrir économiquement les cavaliers et les brigadiers.

L'ordinaire est dirigé par le capitaine commandant; il a pour le seconder le plus ancien lieutenant, le maréchal des logis chef et le brigadier d'ordinaire.

Le cuisinier est chargé de préparer les repas d'après les menus établis par le capitaine. Il est en outre responsable de l'entretien et de la propreté des ustensiles, du matériel et du linge mis à sa disposition.

Le capitaine peut récompenser son zèle par une indemnité variable, mais qui ne dépasse pas 50 centimes par jour, payable sur les fonds de l'ordinaire.

Fonds de l'ordinaire. — Les *fonds de l'ordinaire* ont pour but unique d'assurer, concurremment avec les denrées fournies par l'État, la subsistance de la troupe.

Le capitaine paie les dépenses au jour le jour par l'intermédiaire du maréchal des logis chef et du brigadier d'ordinaire; les acquits figurent sur le cahier d'ordinaire.

Le capitaine dépose chez le trésorier les fonds d'économie du boni, il ne garde par devers lui qu'une somme dont le chef de corps fixe le maximum.

Les fonds de l'ordinaire sont alimentés par des prestations d'alimentation normales et éventuelles et par diverses recettes.

59. Les *recettes de l'ordinaire* sont :

1° Une prime fixe journalière d'alimentation de 0ᶠ 245 par homme en France.

Cette prime est portée à 0ᶠ 255 pour les cuirassiers;

La prime s'élève à 0ᶠ 285 par homme en Algérie et Tunisie;

2° Une prime journalière de viande, correspondant au prix de 350 grammes de viande, variable suivant le cours de la boucherie (en ce moment   centimes) (1);

3° Un versement fait par les hommes qui ne vivent pas à l'ordinaire et qui y prennent le café;

4° Le produit de la vente des os, eaux grasses et débris de réfectoire; la valeur de la moitié des rations de pain économisées dans l'année;

5° La solde des brigadiers et soldats punis de prison et de ceux irrégulièrement absents le dernier jour du prêt ou au moment de son paiement;

6° Les prestations éventuelles lorsqu'elles sont allouées.

Prestations éventuelles. — Elles sont allouées dans des circonstances spéciales, savoir :

Prime nº 1 : 0ᶠ 05 (boissons hygiéniques et liquides);
— nº 2 : 0 10 (Id.   );
— nº 3 : 0 15 (marches et manœuvres);
— nº 4 : 0 20 (marches et manœuvres alpines);
Indemnité de 0ᶠ 30 (Fête nationale du 14 juillet).

60. *Dépenses de l'ordinaire.* — L'ordinaire paie toutes les denrées alimentaires et les condiments qui servent à la nourriture des cavaliers (le pain de table excepté) et toutes les boissons qui leur sont fournies.

Taux des principales denrées qui pourront être achetées sur l'ordinaire :

Viande fraîche. 350 gr. par jour (au moins).
ou Poisson. . . . 180 à 200 gr. par repas.
ou Lapin, oie, chevreau, etc. . . 140 à 150 gr. par repas en moyenne.
Pain de soupe. 50 à 60 gr. par soupe.
Légumes . . . Quantité variable suivant le menu (en moyenne 1 kilo par jour)

Les cavaliers sont tenus de manger à l'ordinaire, à la table commune avec leur escouade.

La permission de manquer à la soupe est accordée par

---

(1) Mettre au crayon le chiffre fixé. Le maréchal des logis chef l'indiquera.

le maréchal des logis de semaine sur la demande du brigadier d'escouade. Cette permission ne doit pas avoir un caractère permanent.

61. *Boni.* — Le *boni* de l'ordinaire est la différence entre les recettes et les dépenses. Il est fait pour parer aux besoins spéciaux, aux variations de l'effectif ou de la valeur des denrées et pour améliorer les repas les jours de fête ou de fatigue.

Allocations gratuites.

62. Les allocations distribuées gratuitement sont :

Pain (ration journalière) . .	675 gr.
ou Pain biscuité	700
ou Pain de guerre	600

Conserves de viande. . . 200 gr.⎫ à certains jours indi-
Porc salé . . . . 240 ⎬ qués ; l'indemnité de
                            ⎭ viande n'est alors pas
                             perçue ces jours-là.

Tabac.

63. S'il fume, le cavalier a droit à un paquet de 100 grammes de tabac, dit tabac de cantine, moyennant le paiement de 15 centimes tous les dix jours, les 10, 20 et 30 du mois.

Distributions.

64. Les gradés et les hommes de corvée aux distributions ne sont pas seulement chargés d'assurer le transport des denrées distribuées ; ils doivent surveiller les pesées et le mesurage de ces denrées, puis en examiner la qualité ; s'ils ont des observations à faire à ce sujet, ils les adressent à l'officier chargé du service.

Hygiène de la viande et des légumes.

65. La viande fraîche doit toujours être vérifiée, avant la distribution, par un vétérinaire ou un médecin et par l'officier de distribution. Il importe ensuite que les hommes de corvée et les cuisiniers donnent à la viande des soins particuliers : la placer dans des paniers propres, ne pas la déposer sur le sol ou sur des tables non nettoyées, la couvrir ; puis, en attendant la cuisson, la suspendre à l'air, à l'ombre, dans un local frais et sombre où les mouches ne puissent pas pénétrer.

De même, il faut éviter que les légumes, et en particulier les pommes de terre épluchées, soient souillés.

66. Composition des rations de vivres en campagne.

DENRÉES		RATION de vivres de réserve	RATION forte	RATION normale
Pain.	Pain ordinaire	»	0k 750	0k 750
	ou Pain biscuité.	»	0 700	0 700
	ou Pain de guerre.	0k 300 (1)	0 600 (2)	0 600
Vivres-viande.	Viande fraîche	»	0 500	0 400
	ou Viande de conserve assaisonnée	0 300	0 300	0 200
Petits vivres.	Légumes secs ou riz.	»	0 100	0 060
	Sel.	»	0 020	0 020
	Sucre	0 080	0 032	0 021
	Café torréfié. { en tablettes.	0 036	»	»
	{ en grain ou en tablettes.	»	0 024	0 016
	ou Café vert	»	0 0285	0 019
Vivres de campagne.	Lard (chaque fois que l'on distribue de la viande fraîche)	»	0 030	0 030
	Potage salé (distribué, en principe, en même temps que la viande de conserve)	0 050	0 050	0 050
	Eau-de-vie	0l 0625	»	»
	A tout homme bivouaqué ou à titre exceptionnel { Vin	»	0l 25	0l 25
	{ ou Bière ou Cidre.	»	0 50	0 50
	{ ou Eau-de-vie.	»	0 0625	0 0625

(1) 6 galettes en moyenne.
(2) 12 galettes en moyenne.

Chauffage et éclairage.

67. Tout ce qui se rapporte au chauffage et à l'éclairage des divers locaux, chambres, cuisines, corridors, cours est payé par les fonds de la masse de chauffage du corps.

Les allocations de cette masse sont déterminées suivant les régions, les saisons, les locaux et le nombre d'hommes,.

Couchage et casernement.

68. La masse de couchage et d'ameublement du corps pourvoit aux dépenses de l'entretien du couchage des hommes et du mobilier (y compris les ustensiles des chambres, tels que balais, fauberts, paillassons, crachoirs, planches pour listes d'appel et états de casernement, planches à astiquer).

Celle du casernement pourvoit à l'entretien et aux réparations des locaux du casernement.

La charge.
Nos cuirassiers bousculant un régiment de dragons allemands.

CHAPITRE IX

HYGIÈNE MILITAIRE

Soins de propreté corporelle.

1. L'hygiène est la science du savoir-vivre en tout ce qui concerne la conservation de la santé et le développement normal et esthétique du corps humain.

2. *Soins corporels.* — Une exquise propreté corporelle est la première condition pour bien se porter.

La peau de l'homme a diverses fonctions (1) : elle absorbe des gaz de l'air environnant et produit un certain dégagement d'acide carbonique; par la sueur, elle élimine de l'eau, des sels minéraux, de l'urée, des produits excrémentiels, puis elle sécrète une matière grasse qui lui donne son onctuosité.

Pour bien remplir ces fonctions, la peau du corps entier doit être constamment propre.

Un des premiers bienfaits de cette propreté, c'est la préservation des maladies de la peau : démangeaisons, boutons ou éruptions, pelade, gale, insectes parasites, etc...

En outre, on a partout un sentiment de répulsion à l'égard des gens malpropres.

---

(1) La peau exerce des fonctions similaires ou mieux complémentaires de celles du poumon, et elle joue encore, dans ses sécrétions, un rôle analogue à celui des reins.

Les soins corporels comprennent :

1° *Le lavage chaque jour, et même plusieurs fois par jour, du visage, du cou et des mains;*

Se laver au savon les mains avant chaque repas;

2° *Le maintien constant en état de propreté des pieds et des parties génitales;*

3° *Un grand bain ou une douche tous les huit ou quinze jours, si possible;*

4° *L'entretien constant des ongles, du cuir chevelu et des cheveux;*

5° *Le rinçage journalier de la bouche et le brossage des dents matin et soir.*

3. *Ustensiles de toilette et linge.* — Ces ustensiles, tels que peignes, brosses, éponges, serviettes, doivent être entretenus dans le plus grand état de propreté; ils sont absolument personnels, il ne faut jamais les prêter.

Le linge de corps doit être changé au moins une fois par semaine, c'est une nécessité absolue.

Quelles sont encore les précautions spéciales que doit prendre un cavalier? — Le cavalier doit maintenir très propres toutes les parties de son corps qui touchent la selle ou le cheval, c'est-à-dire les jambes, les genoux, les cuisses et les fesses. Il évitera ainsi des clous ou des excoriations difficiles à guérir.

Que doit faire le cavalier qui, en descendant de cheval, se sent légèrement blessé ou excorié? — Son premier soin est de se laver avec de l'eau b riquée ou acidulée; en employant un petit linge très propre. Ensuite il devra se graisser la partie sensible avec de la vaseline ou avec la pommade qui lui aura été donnée dans son escadron.

L'infirmerie lui fournira ce qui lui est nécessaire pour ces soins.

Tenue des chambres.

4. Il faut décrotter ses chaussures à l'extérieur, nettoyer et battre ses vêtements en dehors de la chambrée, ne pas mettre de linge entre la paillasse et le matelas, ne pas fumer la nuit (ni lorsque les fenêtres sont fermées); il est défendu de se coucher sur les lits avec de la chaussure, de manger sur les lits, de cracher et de jeter les bouts de cigarettes ou les fonds de pipe ailleurs que dans les crachoirs.

Les chambres sont nettoyées avec un faubert humide; l'interdiction du balayage à sec sur les surfaces imperméables est absolue.

Le système d'aération prescrit pour les chambres doit être constamment maintenu en hiver comme en été.

Tous les samedis, il faut nettoyer à fond les planchers

et les vitres, puis battre à l'air les couvertures et les matelas (1).

Plus est considérable une agglomération humaine, plus rigoureuse doit être l'observation des principes d'hygiène et de propreté; sans cela, les maladies y éclosent facilement et s'y propagent dans de grandes et déplorables proportions.

Boissons.

5. Les soldats sont absolument obligés de ne boire que de l'*eau déclarée potable*. Toute infraction à cette prescription peut être la cause d'épidémies ayant les conséquences les plus funestes.

Les eaux malsaines ou peu sûres ont de grandes chances de contenir le microbe de la fièvre typhoïde, l'eau est son véhicule ordinaire.

On ne boira donc que des *eaux potables* provenant de sources vérifiées, ou des eaux filtrées, stérilisées ou bouillies.

Au point de vue du goût, il est bon de les couper avec du café, du thé, du vin ou de l'eau-de-vie.

Lorsque les soldats ont des occasions de boire du vin, de la bière, du cidre ou d'autres liquides, qu'ils sachent être sobres; c'est de l'hygiène et c'est une qualité précieuse.

Le cavalier ne doit jamais boire à la cruche (prescription formelle), chacun se sert de son quart.

Recommandations pour les marches, manœuvres et la vie au bivouac.

6. Le cavalier boit ce qu'il a dans son bidon, mais il ne s'arrête nulle part pour prendre de l'eau sans autorisation, ou si l'ordre n'en a pas été donné; en principe, il faut boire le moins possible, se gargariser si la soif est trop vive.

L'ingurgitation rapide de grandes quantités d'eau pendant les marches est souvent suivie d'accidents graves et même de mort.

A la grand'halte et à l'arrivée, il est prudent de manger un peu avant de boire. Quand on est en transpiration, on doit boire lentement et à petites gorgées.

On doit s'abstenir de boissons alcooliques.

Autant que possible on ne part pas à jeun. Le soldat peut,

---

(1) Les deux principaux buts hygiéniques recherchés dans la tenue des chambres sont :

1° D'éviter d'amener des poussières et de les soulever dans l'atmosphère intérieure, car elles sont le véhicule habituel du microbe de la tuberculose;

2° De débarrasser les chambres de leur air vicié et confiné pour avoir toujours un air pur, respirable et revivifiant.

en marchant, manger un casse-croûte, mais il ne doit consommer des aliments destinés à la grand'halte ou aux repas que lorsque l'ordre en est donné.

Se conformer, en été et en hiver, aux ordres donnés pour le port des vêtements et pour la façon de les ouvrir ou de les fermer selon la température, — se préserver du soleil par le couvre-nuque, — ne pas se coucher sur la terre humide pendant les haltes.

En rentrant d'une marche, il faut fermer les fenêtres pour éviter les courants d'air; il ne faut pas se dévêtir, à moins qu'on ne veuille changer de linge; dans ce cas, le faire rapidement.

Après une grande fatigue suivie de transpiration, un repos complet et immédiat est pernicieux; le mouvement fait éviter les refroidissements.

Au bivouac, il faut pratiquer toutes les mesures ordinaires d'hygiène et surveiller surtout la propreté, les qualités de l'eau et les refroidissements.

Maladies contagieuses et diverses.

7. Dans les quartiers, les hommes atteints de maladies contagieuses doivent être isolés au plus tôt; les hommes de la chambre du malade évitent de pénétrer dans les chambres voisines, car ils peuvent être propagateurs de la maladie. S'il y a lieu, on désinfecte la chambre et les vêtements du malade.

Les maladies dont on peut éviter la propagation sont : la tuberculose (*aération, soleil, éviter les poussières, ne pas cracher par terre*); la fièvre typhoïde (*ne boire que de l'eau potable*); les maladies vénériennes, parmi lesquelles la syphilis qui a des conséquences déplorables : non seulement elle s'attaque à l'individu qu'elle frappe d'une empreinte terrible, mais elle rejaillit encore sur sa descendance et affaiblit la race (*fuir les femmes suspectes, se méfier de tout contact avec un malade, voir de suite un médecin si on est atteint*).

L'hygiène veut la tempérance qui évite l'alcoolisme, véritable maladie, dont les conséquences sont funestes pour la santé de l'homme et pour sa vie (*ne pas boire d'alcool, pas d'apéritifs, et modérément le vin, la bière, le cidre, etc.*).

8. *Plaies.* — *Toute plaie*, si petite soit-elle, doit être nettoyée de toute souillure avec de l'eau phéniquée, ou avec une solution de sublimé, d'acide borique ou simplement avec de l'eau bouillie. Mettre ensuite la plaie à l'abri au moyen d'un pansement propre et de préférence aseptique.

Paquet individuel de pansement.

9. En campagne, chaque homme possède un paquet individuel de pansement destiné à procurer au blessé un premier pansement en attendant les soins du médec`n ; il se compose de : un plumasseau d'étoupe enveloppée de gaze, une compresse en gaze, une bande de coton, deux épingles de sûreté (le tout dans une double enveloppe). Il se place dans la poche intérieure gauche de la tunique. *Interdiction est faite de l'ouvrir avant le moment précis de l'utiliser.*

CHAPITRE X

SERVICE DES PLACES

Devoirs généraux. Le mot.

1. Le service des places est un service très important. On doit s'y préparer et se présenter à l'inspection de la garde étant propre et brillant.

Dans le service des places, on doit être attentif, ponctuel et leste. Le soldat de garde est souvent une autorité ; on compte sur lui pour la garde de personnes et d'établissements importants ; il a parfois le droit de vie et de mort sur quiconque n'obéit pas aux ordres de sa consigne.

Aussi aucune négligence ne doit être tolérée.

2. *Devoirs dans les postes.* — On ne quitte jamais son poste, on ne se déshabille pas, on n'enlève ni son sabre ni son revolver, ni sa cartouchière, et on ne joue pas.

Chaque homme du poste a un numéro ; les carabines et les manteaux sont placés par numéro.

Il faut bien écouter et retenir les consignes données, puis lire celles affichées dans le poste et dans la guérite.

L'homme de garde doit ponctuellement obéir au chef de poste, car c'est lui qui est responsable.

Le mot. — C'est un moyen de reconnaissance. Il comprend deux noms : 1° le *mot d'ordre*, qui est le nom d'un grand homme, d'un général célèbre ou d'un brave mort au champ d'honneur ; 2° le *mot de ralliement*, qui est le nom d'une bataille, d'une ville, d'une vertu civile ou guerrière.

Exemple : *Napoléon, Nancy.* Le mot varie tous les jours.

3. *Droits du commandant d'armes d'une place.* — Lorsque les circonstances l'exigent, le commandant peut consigner dans l'intérieur de la place tout ou partie des troupes de la garnison.

Dans les circonstances graves, le commandant d'armes peut consigner dans les casernes la totalité ou une partie des troupes de la garnison.

Les chefs de corps et de détachements ont ce même droit pour leurs troupes.

Hors le cas d'urgente nécessité, elles ne peuvent, sans l'autorisation du commandant territorial, être prolongées au delà de vingt-quatre heures.

En sentinelle.

4. *Alerte ou alarme.* — L'alarme est annoncée par la générale; tous les militaires sont tenus de se réunir sur-le-champ au corps dont ils font partie.

Lorsqu'un chef de détachement est appelé à mettre de l'ordre en ville dans un local où des soldats seraient impliqués, si le local est public, le militaire envoyé opère directement avec énergie; si le lieu est clos, il ne peut y entrer sans la réquisition de l'occupant, ou sans l'assistance d'un commissaire de police, ou sans les cris : *Au feu! A l'assassin! Au secours! Au voleur!*

Il doit veiller à ce que les hommes ne boivent que de l'eau potable et à ce que le poste soit fréquemment aéré, convenablement chauffé et éclairé.

Sentinelles. Troupes. Rondes. Patrouilles.

5. *Sentinelles.* — Les *sentinelles* peuvent avoir la carabine au pied ou sur l'épaule; elles ne la quittent jamais même dans la guérite ; lorsqu'elles sont dans le cas de se mettre en défense, elles croisent l'arme.

Elles doivent toujours garder une attitude militaire, ne parler à qui que ce soit sans nécessité et ne s'écarter de leur guérite à plus de 30 pas.

Les sentinelles ne se laissent relever que par un gradé du poste ou le militaire qui en fait fonction ; elles ne répètent leur consigne ou n'en reçoivent de nouvelle qu'en présence du chef ou d'un gradé du poste.

Elles doivent protection, sans toutefois s'éloigner de leur poste, à tout individu dont la sûreté est menacée et qui se réfugie auprès d'elles.

La durée de la faction est de deux heures, sauf quand la rigueur de la saison ou des circonstances particulières conduisent le commandant d'armes à la réduire.

6. *Cris.* — Si une sentinelle a besoin de se faire relever elle crie : *Chef de poste, venez relever !*

Si elle aperçoit un incendie, elle crie : *Au feu !*

Si elle entend du bruit ou est témoin d'un désordre, elle crie : *A la garde !*

Si, devant les armes, elle entend la générale, ou si elle aperçoit la personne ou le corps constitué à qui on rend les honneurs, elle crie : *Aux armes !*

7. *Ronde ou patrouille de nuit.* — Pendant la nuit, à partir de l'heure fixée par le commandant d'armes, la sentinelle

La sentinelle reconnaît la ronde.

qui aperçoit une troupe, une ronde ou une patrouille, crie : *Halte-là!* Si la troupe, la ronde ou la patrouille s'arrêtent, la sentinelle crie : *Qui vive!* Sur la réponse : *France, ronde ou patrouille!* la sentinelle crie : *Avance au ralliement!* Le chef s'avance et donne le mot de ralliement à la sentinelle.

Si la troupe, la ronde ou la patrouille ne s'arrêtent pas, la sentinelle répète : *Halte-là!* Si on continue à avancer sans répondre, la sentinelle croise la baïonnette et empêche de passer.

S'il s'agit d'une sentinelle devant les armes, dès qu'elle a reçu le mot de ralliement, elle appelle le chef de poste, qui vient reconnaître.

Les sentinelles, qui, la nuit, par suite de consignes particulières, ne doivent pas se laisser approcher, crient à toute personne qui passe à proximité : *Halte-là!* après ce cri répété une deuxième fois : *Au large!*

Si on ne s'est pas arrêté, elles croisent la baïonnette et empêchent de passer.

La nuit, une sentinelle qui ne doit pas se laisser approcher et qui a son arme chargée crie à celui qui vient à elle : *Halte-là!* Si on ne s'arrête pas, elle répète une seconde fois : *Halte-là!* et, s'il y a lieu, elle crie : *Halte-là, ou je fais feu!* Si alors on continue à s'avancer, elle fait feu et appelle la garde.

Honneurs.

8. Pour rendre les honneurs, les cavaliers présentent les armes :

Ceux qui, à pied, sont armés de la carabine, présentent les armes en prenant la position du premier mouvement de l' « arme sur l'épaule droite »;

Ceux qui sont armés du sabre, présentent le sabre en prenant la position du premier mouvement de « remettre le sabre ».

Les sentinelles présentent les armes :

Aux drapeaux et étendards;
Aux officiers des armées de terre et de mer;
Aux troupes en armes;
Aux membres de la Légion d'honneur porteurs des insignes de leur décoration et en tenue;
Aux convois funèbres;
Aux officiers des armées étrangères.

9. *Elles gardent l'immobilité, la main dans le rang et l'arme au pied pour :*

L'adjudant-chef;
Les adjudants et assimilés;
Les décorés de la médaille militaire porteurs de leur médaille et en tenue.

Garde de police du quartier.

10. Il y a à la porte du quartier un poste de police réduit au strict nécessaire.

La consigne de ce poste varie par quartier; c'est le chef de corps qui la donne suivant les circonstances.

La sentinelle remplit les devoirs généraux des sentinelles et crie : *Aux armes* ! lorsque le chef de corps vient au quartier. Elle prévient le chef de poste de tout ce qu'il y a d'irrégulier autour du quartier ou dedans.

En principe, sans l'autorisation du chef de poste :

1º Elle ne laisse sortir du quartier aucun étranger avec un paquet ou une arme, ni un brigadier ou cavalier avec un paquet, une carabine ou un revolver;

2º Elle ne laisse y entrer aucun étranger ou homme de troupe d'un autre corps;

3º Elle ne laisse sortir aucun cavalier avec un cheval sans une autorisation de son escadron.

Après l'appel du soir, elle fait entrer au corps de garde les militaires de tous grades qui entrent ou sortent; elle signale au maréchal des logis les lumières non éteintes après la sonnerie de l'extinction des feux.

Elle ne laisse jamais entrer aucun chien au quartier.

Service de planton. Service en cas de troubles. Main-forte due à l'autorité.

11. Un militaire *de planton* est un agent qui a une certaine importance dans l'exécution du travail journalier des divers services d'un régiment et des états-majors.

Le planton doit être *actif et consciencieux*, car il est chargé soit de transmettre des ordres et des papiers importants, soit de garder des archives et des pièces confidentielles, soit encore d'exercer une surveillance déterminée ou de faire observer une consigne particulière. Ce service ne doit souffrir aucune négligence; il faut que tout soldat en soit bien pénétré.

12. *Force militaire réquisitionnée.* — Pour maintenir l'ordre public ou pour assurer l'exécution des lois, l'autorité militaire n'agit qu'en vertu de la réquisition écrite de l'autorité civile.

Dans ce cas les troupes ne font usage de leurs armes par le feu que si des violences ou voies de fait sont exercées contre elles, ou que si elles ne peuvent défendre autrement le terrain qu'elles occupent ou les postes dont elles sont chargées.

Elles agissent également par leurs armes quand elles se trouvent dans le cas prévu par l'article 3 de la loi du 7 juin 1848, qui dit :

« Lorsqu'un attroupement armé ou non armé se sera formé

sur la voie publique, le maire ou l'un de ses adjoints, à leur défaut le commissaire de police ou tout autre agent ou dépositaire de la force publique et du pouvoir exécutif portant l'écharpe tricolore, se rendra sur les lieux de l'attroupement.

« Un roulement de tambour annoncera l'arrivée du magistrat.

« Si l'attroupement est armé, le magistrat lui fera sommation de se dissoudre et de se retirer.

« Cette première sommation restant sans effet, une seconde sommation, précédée d'un roulement de tambour, sera faite par le magistrat.

« En cas de résistance, l'attroupement sera dissipé par la force.

« Si l'attroupement est sans armes, le magistrat, après le premier roulement de tambour, exhortera les citoyens à se disperser. S'ils ne se retirent pas, trois sommations seront successivement faites.

« En cas de résistance, l'attroupement sera dissipé par la force. »

NOTA. — Pour le *service en cas de troubles* et pour la *main-forte due à l'autorité,* voir aussi le paragraphe VIII « Conduite en ville et en cas de troubles », page 27, chapitre IV.

CHAPITRE XI

ARMEMENT ET TIR — MITRAILLEUSES

1. Les armes du cavalier sont :
Le *sabre,* la *lance,* la *carabine,* le *revolver* (sous-officiers, maréchaux ferrants, trompettes, télégraphistes et infirmiers).

Le sabre.

2. Le sabre en service dans la cavalerie légère est du modèle 1822 à lame courbe.

Le sabre en service dans les autres subdivisions de l'arme est du modèle 1854 modifié, à lame droite. Il comprend deux tailles.

On distingue dans le sabre :

1° La *lame* à deux pans creux : la pointe, le tranchant, le dos, la soie ;

2° La *monture* comprend : la garde et les branches, la coquille, la poignée et son filigrane, la cravate ;

3° Le *fourreau :* le corps du fourreau, la cuvette, les battes, le bracelet, l'anneau, le dard.

La lance.

3. La lance est du modèle 1890 (1). Elle se divise en trois parties :

Le *fer*, la *hampe* et le *sabot*.

Le *fer de lance* est constitué par la lame de forme quadrangulaire vissée et goupillée sur la douille ; la douille avec son épaulement d'arrêt et son pontet porte-flamme.

La *hampe* est en bambou royal du Tonkin. Un D en cuivre, monté sur une enchapure en cuir, est fixé un peu au-dessus du centre de gravité de l'arme. Cet accessoire permet de suspendre la lance à la selle pendant le combat à pied.

Le *sabot* qui comprend la douille, le corps de sabot avec son épaulement d'arrêt, le cône et le bout.

La longueur de la lance est de 2^m 90 ; son poids moyen est de 1^{kg} 850.

NOTA. — Un nouveau modèle de lance va être mis bientôt en essai. Le tube est en acier.

La carabine.

4. La carabine de cavalerie est du modèle 1890 ; la carabine de cuirassier est du même modèle, elle ne diffère que par une plus forte pente de la crosse et par une garniture de cuir de la plaque de couche.

La carabine de cavalerie a une longueur de 945 millimètres, son poids est de 3 kilos ; celle de cuirassier, 950 millimètres, et son poids est de 2^{kg} 980. La carabine tire la cartouche modèle 1886 D, du poids de 27^{gr} 6.

Le fonctionnement de la répétition repose sur l'emploi du chargeur.

Le chargeur est un petit récipient en tôle mince de la contenance de trois cartouches.

Nomenclature.

5. La carabine se divise en cinq parties principales :
1° Le *canon* ;
2° La *culasse mobile* ;
3° Le *mécanisme* ;
4° La *monture* ;
5° Les *garnitures*.

---

(1) Les corps ont en outre à leur disposition, pour l'instruction, des lances modèle ancien ou des bambous de rebut munis d'un tampon.

Canon.

Le canon comprend deux parties :

Le canon proprement dit ;

La boîte de culasse.

On remarque sur le canon : le guidon, la hausse qui comprend huit piéces (le pied, le ressort, la vis de ressort, la planche mobile avec ses deux crans de mire, le curseur, le ressort du curseur, la vis-arrêtoir du curseur et la goupille).

L'âme cylindrique du canon est du calibre de 8 millimètres et a quatre rayures en hélice, tournant de droite à gauche au pas de 24 centimètres ; la profondeur de la rayure est de 15 centièmes de millimètre.

La boîte de culasse vissée sur le canon est bronzée extérieurement.

Culasse mobile.

La culasse mobile comprend huit pièces, savoir :

1º La tête mobile : le corps cylindrique et les deux tenons de fermeture ;

2º L'extracteur ;

3º Le cylindre : le renfort antérieur, le corps cylindrique, le renfort du levier, le levier coudé ;

4º Le chien : le corps cylindrique, le coin d'arrêt, le renfort, le cran de départ ou partie de la tranche antérieure qui s'appuie, à l'arme, contre la tête de gâchette, le cran de sûreté, le cran de l'abattu ;

5º Le percuteur ;

6º Le manchon ;

7º Le ressort à boudin ;

8º La vis d'assemblage de cylindre et de tête mobile.

Mécanisme.

Le mécanisme de détente de la carabine et celui qui assure le fonctionnement de la répétition sont reliés l'un à l'autre, de manière à former un tout solidaire qu'on désigne sous le nom de *mécanisme*.

Le mécanisme se divise en deux parties principales : mécanisme avant, mécanisme arrière.

Dans le mécanisme avant, on distingue :

Le support d'élévateur ;

L'élévateur, composé de sept pièces, savoir :

1º La planche supérieure ;

2º Le ressort de planche supérieure ;

3º La planche inférieure ;

4º Le ressort à galet de planche inférieure ;

5º Le galet ;

6º La goupille de galet ;

7º La vis de planche d'élévateur.

L'élévateur est relié à son support par la vis-pivot d'élévateur.

Dans le mécanisme arrière, on distingue :
Le pontet-support de mécanisme, comprenant :
Le crochet de chargeur ;
Le ressort de crochet et de gâchette ;
La goupille de ressort ;
La gâchette ;
La détente à double bossette ;
La goupille de détente ;
L'éjecteur ;
La vis de crochet de chargeur ;
La vis de gâchette ;
La vis d'éjecteur.

Le mécanisme avant et le mécanisme arrière sont reliés, comme on l'a vu plus haut, par les deux vis de support d'élévateur. La première de ces vis traverse l'entretoise, pièce destinée à maintenir l'écartement des montants du support de mécanisme.

Le pontet-support et le support d'élévateur sont bronzés.

Monture.

La monture est en noyer. Elle comprend :
Le fût, la poignée et la crosse.

Garnitures.

La baguette, composée d'une tige en acier et d'une tête en laiton ;
L'embouchoir ;
Le ressort d'embouchoir ;
La grenadière ;
L'anneau de grenadière ;
Le ressort de grenadière ;
Le taquet de support d'élévateur ;
La vis à bois de taquet ;
L'écrou-support de vis de culasse servant d'écrou à la vis de pontet et de support à la tête de vis de culasse ;
La vis à bois d'écrou-support ;
Le support d'oreilles-écrou de baguette ;
La vis de support : la rosette et ses crans, l'écrou de baguette, la tige, les filets ;
L'écrou, vissé et rivé sur la tige, ses crans ;
Le support d'oreilles ;
La vis de mécanisme, qui relie le support de mécanisme à la boîte de culasse ;
La vis de pontet ;
La vis de culasse ;

Le chargeur est un petit récipient en tôle mince, de la contenance de trois cartouches.

Le chargeur est symétrique par rapport à la cartouche

du milieu et peut, par suite, être mis en place indifféremment dans les deux sens.

Chaque cavalier doit être pourvu d'une ficelle de nettoyage.

Les chefs de chambrée sont détenteurs d'un nécessaire de chambrée comprenant :

1° Une baguette de nettoyage ;
2° Une baguette de graissage munie de son écouvillon ;
3° Deux tournevis-chassoirs.

Démontage, remontage et entretien de la carabine.

6. Le démontage se fait dans l'ordre suivant :

1° La bretelle ;
2° La culasse mobile qui comprend : la vis d'assemblage du cylindre, la tête mobile, l'extracteur, le manchon, le chien, le percuteur, le ressort à boudin et le cylindre ;
3° La vis de pontet ;
4° La vis de mécanisme ;
5° Le mécanisme, qui se divise en mécanisme avant et mécanisme arrière. Le mécanisme avant comprend le support d'élévateur et l'élévateur.

Le mécanisme arrière comprend le pontet-support de mécanisme, le montant, le crochet de chargement, la goupille de ressort, la gâchette, la détente à double bossette, la goupille de détente, l'éjecteur, la vis de crochet de chargeur, la vis de gâchette, la vis d'éjecteur, l'entretoise et le trou de vis de mécanisme ;

6° La baguette ;
7° La vis de culasse ;
8° L'embouchoir ;
9° La grenadière ;
10° Le canon ;
11° La monture en noyer qui comprend : le fût, la poignée et la crosse.

Le remontage se fait dans l'ordre inverse.

On ne démonte jamais l'extracteur, la planche supérieure et les ressorts d'élévateur, les vis de support d'élévateur et la vis-éjecteur, les pièces de la hausse et, sur la monture, les ressorts de garnitures, les supports d'oreilles, le taquet, l'écrou-support, le battant de crosse et la plaque de couche.

La baguette ne doit être utilisée que pour expulser des étuis qui n'auraient pas cédé à l'extracteur.

7. *L'entretien de l'arme* est le principal devoir du soldat.

La carabine ne doit jamais être lavée à l'eau ; on n'emploie ni émeri ni brique sèche.

On emploie de la graisse d'armes avec la brosse à fusil ou avec des chiffons gras.

On huile toutes les pièces qui éprouvent un frottement.

8. Après le tir :

1° On enlève le mécanisme, dont les différentes pièces sont essuyées et graissées sur place;

2° On démonte complètement la culasse mobile; chaque pièce est essuyée avec un linge sec, puis graissée légèrement;

3° L'intérieur du canon est nettoyé avec un petit linge sec, au moyen de la ficelle; puis on le graisse légèrement. L'aminci circulaire et l'entrée de la chambre sont nettoyés avec des curettes en bois tendre; on essuie l'extérieur du canon, puis on y passe les pièces grasses, ainsi que sur toutes les garnitures. Si le nettoyage a lieu longtemps après le tir, on emploie un petit linge huilé.

9. Après chaque exercice ordinaire :

1° On enlève la culasse mobile; on en essuie et on engraisse toutes les parties sans la démonter;

2° On nettoie l'intérieur du canon comme après le tir.

Observation. — S'il a plu ou fait de la poussière, il faut démonter et nettoyer complètement la culasse mobile.

On frotte, lorsqu'il en est besoin, le bois avec un chiffon huilé.

10. On combat la *rouille* sur l'acier et les pièces en fer avec un linge huilé; en cas de nécessité, avec de la brique brûlée, pulvérisée, tamisée et délayée dans la graisse; sur les pièces bronzées, avec du drap légèrement gras seulement.

Les pièces qui doivent être huilées sont toutes celles qui éprouvent un frottement :

1° À la culasse mobile : la griffe de l'extracteur, le canal de la tête mobile, la pointe du percuteur, les rampes du cylindre et du chien, les crans du chien. Mettre également une goutte d'huile sur la rampe de la tranche postérieure de l'échancrure et sur la rampe de dégagement, puis faire marcher le mécanisme de fermeture;

2° Dans le mécanisme : le galet du ressort inférieur d'élévateur, la bossette de la planche supérieure, le plan incliné du crochet de chargeur, les deux rouleaux du ressort de crochet, la goupille de détente, la tête de gâchette et le crochet intérieur de support d'élévateur.

3° La charnière de la hausse et les filets des vis.

Le revolver.

11. Le revolver modèle 1892 se divise en six parties principales :

1° Le canon;

2° La carcasse;

3° Le barillet;

4° La platine;

5° Les garnitures;

6° La monture.

Démontage du revolver.

Le démontage ordinaire se fait de la façon suivante :

12. *Mise à découvert de la platine.* — Dévisser la vis de plaque-pontet, rabattre la plaque-pontet, enlever la plaquette gauche.

Démontage de la platine. — La platine étant à découvert, ouvrir la porte, placer le revolver dans la main gauche, le pouce contre l'avant de la carcasse, les deux derniers doigts contre l'arrière de la détente. Enlever ensuite les pièces de platine dans l'ordre des numéros qu'elles portent, saisir le grand ressort avec la main droite un peu en avant du tenon; le pousser à droite en le soulevant légèrement pour dégager le tenon de son encastrement; laisser le ressort se détendre librement et l'enlever. Chasser en arrière la crête du chien, enlever le chien. Pousser la détente en avant, dégager la barrette de son logement, la séparer de la détente (on peut retirer à la fois ces deux pièces en agissant sur la queue de la détente).

Démontage du support de barillet. — La porte étant ouverte, dévisser la vis-arrêtoir de support de barillet, retirer cette vis; rabattre le barillet en demi-à-droite. Pousser le barillet en avant pour faire sortir le pivot de son logement. Le mouvement commencé, rabattre complètement le barillet à droite pour empêcher la branche du ressort de tomber dans la gorge du pivot.

Le remontage.

13. Le remontage se fait dans l'ordre inverse, savoir :

Remontage du barillet. — La vis-arrêtoir de support du barillet étant enlevée et la porte ouverte, engager le bout du pivot du support dans son logement, le méplat contre la branche du ressort, faire glisser le barillet en arrière le long de son axe jusqu'à la butée de la carcasse; rabattre le barillet en demi-à-gauche pour bander le ressort et presser en arrière le bras de support, de manière à faire entrer le pivot dans son logement; rabattre complètement le barillet dans sa cage et remettre en place la vis-arrêtoir.

Remontage de la platine. — La porte étant ouverte, remettre en place la détente, la barrette et le chien; placer le revolver dans la main gauche comme pour le démontage, saisir le grand ressort de la main droite, engager la griffe plate dans son logement en l'appuyant contre le galet de barrette; comprimer la branche de percussion avec les deux premiers doigts, de manière à amener son galet au contact du chien; en même temps, pousser le ressort à droite avec le pouce jusqu'à ce que le tenon rentre dans son encastrement. Ce dernier mouvement est facilité en tirant légèrement le chien en arrière avec le pouce de la main droite, tout en maintenant le ressort avec le pouce de la main gauche.

Remontage de la plaque-pontet. — Remettre la plaquette gauche en place; rabattre à droite la plaque-pontet; visser en pressant la plaque-pontet contre la vis. On facilite la prise des filets en tournant d'abord d'un demi-tour pour dévisser et visser.

Nettoyage du revolver.

14. *Nettoyage.* — On nettoie les différentes pièces en leur appliquant les procédés généraux de nettoyage indiqués pour la carabine.

Nettoyage après un tir au revolver. — Faire le lavage du canon et des chambres du barillet. Se borner à rabattre le barillet sur le côté sans le démonter et se servant d'abord d'un chiffon mouillé, de façon à enlever par le lavage les résidus de la poudre.

Essuyer avec un chiffon sec et graisser ensuite.

Essuyer ensuite soigneusement les différentes parties de l'arme. Graisser l'extracteur, huiler le six-pans.

On ne nettoie la platine que si son état l'exige.

Les pièces qui doivent être huilées sont toutes celles qui éprouvent un frottement :

1° A la culasse mobile : la griffe de l'extracteur, le canal de la tête mobile, la pointe du percuteur, les rampes du cylindre et du chien. les crans du chien. Mettre également une goutte d'huile sur la rampe de la tranche postérieure de l'échancrure et sur la rampe de dégagement, puis faire marcher le mécanisme de fermeture;

2° Dans le mécanisme : le galet du ressort inférieur d'élévateur, la bossette de la planche supérieure, le plan incliné du crochet de chargeur, les deux rouleaux du ressort de crochet, la goupille de détente, la tête de gâchette et le crochet intérieur de support d'élévateur;

3° La charnière de la hausse et les filets des vis.

Instruction du tireur.

15. Les principales circonstances où le cavalier a à faire usage de son tir sont : pour défendre son cantonnement, pour tenir momentanément une position, pour occuper un bois, une ferme, un défilé; pour protéger une batterie, pour couvrir une retraite, pour forcer un passage faiblement occupé; pour surprendre un cantonnement, un bivouac, une batterie; pour attaquer un convoi et pour harceler en différents points une colonne d'infanterie.

16. Le cavalier est dans de bonnes conditions pour obtenir un résultat sérieux avec les feux de sa carabine, car il arrive rapidement et sans fatigue à l'emplacement choisi par une patrouille; là il peut se servir avec calme de son arme qui est excellente, car il n'a point l'inquiétude d'être surpris ni attaqué par la baïonnette du fantassin; sa monture, qui est à l'abri à sa portée, lui assure de pouvoir s'échapper assez à temps.

Le cavalier, s'il est bon tireur, fera du mal à l'ennemi, il le désorganisera et il lui fera souvent perdre un temps précieux pour son parti.

Le combat à pied.

Les cavaliers peuvent être amenés à faire le combat à pied contre la cavalerie (1), mais il ne faut faire le combat à pied qu'aux grandes distances, pour ne pas s'exposer à être surpris avant de pouvoir remonter à cheval, à moins d'être protégé par un obstacle infranchissable.

17. La trajectoire est la courbe que décrit la balle pendant son trajet dans l'air.

La ligne de tir est l'axe du canon dans la position de pointage indéfiniment prolongé.

La ligne de mire est celle qui est déterminée par le fond du cran de mire de la hausse et le sommet du guidon.

---

(1) Voir page 114.

Pointer c'est diriger la ligne de mire sur le point à atteindre.

La portée est la distance du point de départ de la balle à son point de chute.

La hausse est un appareil fixé sur le canon, pour donner à l'arme l'inclinaison voulue pour atteindre le but visé, suivant son éloignement.

L'inclinaison est d'autant plus grande que la distance est plus éloignée.

Pour manier le curseur on couche la planche de hausse en avant ou en arrière entre le pouce et l'index.

La vitesse du tir est le nombre de balles qu'un homme tire dans une minute.

L'effet utile est le nombre de balles qu'un tireur met dans le but en une minute.

Règles de l'emploi de la hausse.

18. Il y a trois règles de l'emploi de la hausse qui sont :

1° De 0 à 200 mètres, viser par le cran de mire de la planche (planche rabattue sur le pied de hausse, ligne de mire inférieure de l'arme, qui correspond à la distance de 200 mètres);

2° De 200 à 1.000 mètres, viser par le même cran de mire après avoir placé le curseur sur le gradin correspondant à la distance.

Les distances sont indiquées sur le côté gauche du pied de la hausse (5 gradins : 200, 400, 600, 800, 1.000);

3° A partir de 1.200 mètres, et jusqu'à 2.000 mètres, viser par le cran de mire du curseur, après avoir placé le bord supérieur du curseur à la division qui marque la distance indiquée, et après avoir levé la planche verticalement. Les traits gravés sur le côté droit de la planche indiquent les distances de tir de 200 en 200 mètres; ceux gravés sur le côté gauche les indiquent de 100 en 100 mètres.

Tir à la cible.

19. On alloue à chaque cavalier 100 cartouches par an pour la carabine et 36 pour le revolver.

Il exécute :

1° *Des exercices de tirs réels à distance réduite, qui se font après les exercices préparatoires de tir;*

2° *Des tirs d'instruction, 4 tirs :*

1 à 200 mètres debout, sur appui (tir de groupement), 6 cartouches;

1 à 200 mètres à genou et couché (tir au but), 2 séries de 3 cartouches;

1 à 200 mètres couché (tir au but), 2 séries de 3 cartouches;

1 à 400 mètres à genou (tir au but), 2 séries de 3 car-touches ;

3° *Des tirs d'application (le terrain est établi avec murs, tranchées, fossés, haies, troncs d'arbres, levées de terre, on tire dans la position que comporte l'utilisation de l'abri)*, 5 tirs de 6 cartouches chacun :

1 à 200 mètres sur 3 silhouettes, à genou à 1 pas;

1 à 600 mètres sur un groupe de 4 silhouettes, debout à 15 centimètres;

1 à 400 mètres sur silhouettes de cavalier;

1 à 200 mètres sur silhouettes, à genou (40 secondes);

1 à 200 mètres sur silhouettes de buste paraissant (40 secondes) ;

4° *Des tirs d'instruction du groupe, pour exercer la troupe à l'observation de la discipline du feu.*

On les exécute d'abord avec cartouches à blanc, puis, ensuite, avec cartouches à balles.

1 tir à 600 mètres, feu à volonté, 6 cartouches;

1 tir de 600 à 1.200 mètres, feu à volonté, 6 cartouches;

5° Chaque année dans des camps ou sur des champs de tir de circonstance, on exécute diverses phases du contact avec tir à blanc et avec tir réel représentant la réalité de la bataille.

On alloue 300 cartouches par homme participant à ces exercices.

Tir au revolver.

20. Les cavaliers armés du revolver exécutent six tirs de 6 cartouches :

Les quatre premiers intermittents, 2 à 15 mètres et 2 à 30 mètres;

Les deux derniers à tir continu à 15 mètres.

Classement des tireurs.

21. Lorsque la série des tirs d'application est terminée, le capitaine-commandant établit dans son escadron un classement des tireurs. Son appréciation est basée sur les résultats des tirs d'application, évalués au moyen de l'effet utile obtenu dans chaque tir.

Le capitaine-commandant nomme tireurs de 1re classe les meilleurs tireurs de son escadron; il accorde le cors de chasse en drap aux brigadiers ou cavaliers qui ont obtenu le meilleur classement parmi les tireurs de 1re classe, sans que le nombre de ces insignes puisse excéder le cinquième de l'effectif des brigadiers et cavaliers armés de la carabine.

Les autres cavaliers sont notés comme assez bons, mé-diocres ou mauvais tireurs.

Sont également classés tireurs de 1re classe pour le revol-ver, les sous-officiers, brigadiers et cavaliers ayant mis dans la cible au moins 24 balles sur 36.

Concours.

22. Les tirs de concours, consistant en tirs d'application, sont organisés par le chef de corps à la suite du classement.

Les tirs de concours à la carabine comportent :

1° Un concours entre les sous-officiers, auquel prennent part les deux sous-officiers qui ont obtenu le meilleur classement parmi les tireurs de 1re classe de leur escadron;

2° Un concours entre les brigadiers et cavaliers auquel participent les huit meilleurs tireurs (brigadiers et cavaliers) de chaque escadron.

Les tirs de concours au revolver comprennent :

1° Un concours entre les sous-officiers tireurs de 1re classe;

2° Un concours entre les brigadiers et les cavaliers armés du revolver et tireurs de 1re classe.

Récompenses de tir.

23. Les récompenses de tir consistent en attributs honorifiques destinés à signaler les meilleurs tireurs aux yeux de leurs chefs et de leurs camarades.

Elles sont de deux sortes :

1° Les récompenses de l'année;

2° Les récompenses de concours.

1° RÉCOMPENSES DE L'ANNÉE. — Les récompenses de l'année consistent en cors de chasse en drap, de la couleur des galons de grade des brigadiers, et cousus sur la manche gauche de la tunique et de la veste.

Le cor de chasse en drap est accordé pour la durée d'une année seulement; il se porte concurremment avec l'insigne de tir; il est conservé jusqu'au classement suivant par les brigadiers promus sous-officiers.

2° RÉCOMPENSES DE CONCOURS. — Les récompenses accordées tous les ans, à la suite du concours, comprennent :
1° 3 insignes de tir; 2° 13 cors de chasse brodés pour les tirs à la carabine; 3° insignes de tir et quatre cors de chasse brodés pour le concours au revolver.

Les militaires en possession d'un cor de chasse brodé au moment de leur libération le reprennent comme réservistes.

Mention des récompenses obtenues est faite sur le livret individuel.

Le port de l'insigne de tir est obligatoire en grande tenue, en tenue de sortie et en tenue de campagne.

Mitrailleuses.

24. En principe, chaque brigade de cavalerie comprend une section de mitrailleuses.

Cette section de deux mitrailleuses est dans l'un des régiments.

Elle comprend : 1 officier, 1 maréchal des logis, 2 brigadiers et 23 hommes, 2 voitures porte-mitrailleuses et 1 caisson à munitions.

L'instruction spéciale des cavaliers qui y sont affectés doit être minutieuse et attentive.

Les mitrailleuses, grâce à la rapidité et à la précision de leur tir, ont un rôle très important à jouer.

Elles augmentent considérablement la capacité offensive de la cavalerie.

En usant de sa mobilité et de la puissance du feu de ses mitrailleuses, une troupe de cavalerie, même d'un faible effectif, peut :

Forcer un passage ;

S'emparer d'un point d'appui ;

Faire déployer et fatiguer une infanterie en marche ou en station ;

Arrêter une colonne d'artillerie, un train de combat ou une colonne de voitures quelconque ;

Infliger un échec à une cavalerie supérieure en nombre ;

Jeter le désordre dans des réserves, etc.

QUATRIÈME PARTIE

SERVICE DE GUERRE

CHAPITRE XII

TENUES — PAQUETAGES — OUTILS
ALIMENTATION — MUNITIONS

I. — Tenue de campagne et paquetage (1).

La tenue de campagne comprend :

1° *Sur le cavalier.*

1. 1 casque avec couvre-casque ou shako, 1 tunique, épaulettes ou pattes d'épaule, 1 culotte avec jambières, 1 paire de bretelles, 1 paire de brodequins avec éperons, des jambières, 1 cravate ou col, 1 chemise, 1 caleçon, 1 ceinture de flanelle, 1 ceinturon avec bélière, 1 dragonne, 1 cartouchière, 1 carabine avec sa bretelle, 1 petit bidon avec quart adhérent et 1 mouchoir.

2° *Sur le cheval :*

1 selle et bride complètes, 1 couverture et le paquetage suivant :

Paquetage des chevaux.

(*Selle et bride complètes. Couverture.*)

1° CHARGE DE DEVANT

Dans la sacoche gauche.

2. La trousse en toile cachou contenant le savon, les sous-pieds, brides d'éperons et lacets de rechange et (pour les officiers seulement) les ciseaux de pansage;

---

(1) Instruction du 3 septembre 1913.

Une brosse à habits, une brosse à laver, une boîte et une brosse à graisse, un paquet de fil, aiguilles et boutons pour quatre cavaliers (1) ;

Une brosse à cheval, une étrille, une éponge (2) ;

Une ficelle de carabine avec un chiffon ;

Une serviette, la cuillère ;

La gamelle contenant un repas froid (placée sur les objets précédents, le couvercle en dessus) ;

12 paquets de cartouches (8 pour les cuirassiers) ; 8 de ces paquets sont mis dans le sac à cartouches et 4 paquets dans un sachet de fortune ou un deuxième sac à cartouches ; le sac de 8 paquets à la partie supérieure.

La longe en corde placée sous le recouvrement de la sacoche, où elle est maintenue par la contre-sangle.

Dans la sacoche droite.

Le pétard explosif ou la boîte de détonateurs (pour les brigadiers-fourriers et les sous-officiers) dans sa gaine ;

Un sachet contenant 3 rations de sucre et café ;

Un sachet contenant 6 pains de guerre ;

Une boîte de conserve de viande ;

Un paquet de potage condensé ;

Le couteau à conserve (1 pour 3 cavaliers) ;

Le bonnet de police ;

La musette-mangeoire contenant 2 kilos d'avoine placée au-dessus des autres effets (3).

Sur le devant de la selle.

Le sac à distribution contenant : à gauche l'étui-musette et le surfaix ; à droite, la chemise et le caleçon, est tordu en plusieurs tours au milieu pour lui donner l'étranglement nécessaire, puis fixé par ce milieu avec la courroie de pommeau, les bouts attachés en avant et contre les sacoches au moyen des quatre courroies de sacoche ; les deux courroies supérieures passant sous le contre-sanglon de recouvrement des sacoches. Avant de tordre le sac, on forme avec le caleçon et la chemise un paquet plat de 25 centimètres de longueur et 13 centimètres de largeur qui est placé en long dans le fond du sac. Un paquet plat semblable, formé avec le surfaix et l'étui-musette, est introduit en long dans

---

(1) Le cavalier porteur du paquet de fil, aiguilles et boutons les place dans sa trousse.

(2) Les sous-officiers et brigadiers-fourriers n'emportent ni brosse, ni effets de pansage, sauf les ciseaux.

(3) Si l'avoine est consommée en cours de route, on pourra, pour équilibrer le poids, placer la gamelle dans la sacoche droite et la musette mangeoire vide dans la sacoche gauche.

le sac du côté de l'ouverture. Les deux paquets étant ainsi placés, on replie le sac sur lui-même du côté de l'ouverture d'environ 8 à 10 centimètres, puis on le plie longitudinalement pour le tordre et le placer sur la selle, comme il est dit plus haut.

Sur la sacoche droite.

La corde à fourrage pliée et arrimée comme il suit :

A partir d'un point pris à 10 centimètres de la poulie, replier la corde plusieurs fois sur elle-même de façon à former un faisceau de 8 brins de 30 centimètres; replier ensuite le bout de 20 centimètres et la poulie le long du faisceau et avec la partie de corde non employée, et passer l'extrémité libre de la corde dans les quatre boucles qui terminent le boudin ainsi formé. La corde est fixée le long de la sacoche en arrière du sac à distribution par les deux courroies qui passent sur le boudin, la courroie supérieure étant engagée dans la poulie.

Le seau en toile (un pour deux hommes), placé sur le sac à distribution, est poussé le plus en avant possible, afin de découvrir la boucle du contre-sanglon de recouvrement de la sacoche.

Il est maintenu par les deux courroies de la sacoche qui passent dans la croix en ficelle du seau (1).

2° CHARGE DE DERRIÈRE

En arrière du troussequin.

Le manteau est placé sur la partie postérieure des bandes de manière qu'il soit appuyé sur le troussequin. Il est maintenu par les deux courroies latérales de charge de derrière et par deux courroies supplémentaires munies de passes.

Les courroies de charge de derrière sont bouclées de façon que l'ardillon soit tourné vers le bas et que les boucles soient le plus en arrière possible, afin d'éviter les dégradations au bois de la carabine. La passe de chacune des courroies supplémentaires est engagée sous le quartier et le contre-sanglon postérieur de manière que l'on puisse y introduire, avant de sangler, le contre-sanglon antérieur ou l'enchapure antérieure de la sangle avec ses trois branches de sangle. Du côté où est suspendu le sabre, la courroie du manteau passe sur le sabre.

A droite.

A) *Régiments de cuirassiers :*

Le sabre suspendu au boucleteau porte-sabre et à la

____

(1) Le seau ne doit pas être donné aux gradés porteurs de la lanterne et aux sapeurs.

bélière du ceinturon, qui est engagée dans l'anneau du sabre et dans le dé de la sûreté du contre-sanglon du panneau.

La poche à fers contenant une demi-ferrure, 20 clous, 16 crampons et la clef à taraud pour les cavaliers armés de la carabine.

B) *Régiments de dragons et de légère :*

La poche à fers contenant une demi-ferrure, 20 clous, 16 crampons et la clef à taraud.

A gauche.

A) *Régiments de cuirassiers :*

La carabine, dans son étui suspendu à l'anneau de la selle.

La poche à fers pour les gradés et cavaliers armés du revolver.

B) *Régiments de dragons et de légère :*

Le sabre suspendu au boucleteau porte-sabre et à la bélière du ceinturon, qui est engagée dans l'anneau du sabre et dans le dé de sûreté du contre-sanglon du panneau.

OBSERVATIONS

Dans les *transports stratégiques,* le bonnet de police, la gamelle, la cuiller, les vivres de chemin de fer (1) s'il y a lieu, le surfaix et la musette-mangeoire, sont emportés dans l'étui-musette porté en sautoir; le seau en toile est attaché par-dessus l'étui-musette; l'avoine est placée en vrac dans le fond du sac à distribution qui reste sur la selle; le caleçon, la chemise et le surfaix sont mis en un seul rouleau du côté de l'ouverture du sac.

Le paquetage des *télégraphistes,* quand le matériel est chargé sur les chevaux, fait l'objet d'une instruction spéciale.

Les conducteurs placent leurs effets, l'avoine et la ferrure de leurs chevaux dans la voiture qu'ils conduisent.

La trousse d'*ouvrier sellier* est placée sur les sacoches et fixée par les courroies de sacoche qui sont engagées dans les passes intérieures de la trousse et par la courroie de pommeau qui enserre la courroie support de la trousse.

---

(1) Indépendamment des vivres de réserve qui sont dans les paquetages, des vivres du train régimentaire et des vivres de débarquement qui sont chargés sur les voitures, la cavalerie emporte pour les transports de concentration, par période de douze heures, des vivres de chemin de fer composés de repas froids fournis par les ordinaires (placés dans les gamelles), de pain et de viande de conserve assaisonnée fournis par l'administration (placés dans l'étui-musette).

Paquetage de manœuvre et de route.

(Selle et bride complète. Couverture.)

3. Pour les routes et les manœuvres du temps de paix, les modifications suivantes sont apportées au paquetage de campagne :

Sacoche gauche.

Le sac et les cartouches sont remplacés par la chemise qui est roulée dans l'étui-musette.

La trousse garnie réglementaire remplace le sachet en toile.

Le jeu d'objets pour quatre cavaliers est remplacé par :
1° 1 brosse à habits et 1 brosse à laver pour 2 cavaliers;
2° 1 boîte et brosse à graisse par cavalier.
Un paquet de fil, aiguilles et boutons par cavalier.

Sacoche droite.

Les vivres de réserve et le couteau à conserves sont remplacés par le caleçon, le pétard explosif n'est pas emporté.

Sur le devant de la selle.

Le sac cachou renferme : *à droite,* le pantalon de treillis; *à gauche,* le bourgeron et le surfaix.

Paquetage de parade.

(Selle et bride complète. Couverture.)

Sacoches gauche et droite.

4. Les sacoches ne contiennent rien, les courroies sont roulées autour.

Sur le devant de la selle.

Le sac n'est emporté que lorsque l'ordre en est donné.

Charge de derrière.

Le manteau et le sabre (et la carabine dans les cuirassiers).

Paquetages spéciaux.

a) *Paquetage des sous-officiers.*

Les sous-officiers n'emportent ni brosses, ni effets de pansement, sauf les ciseaux de pansage. A la place du pétard, ils emportent une boîte de détonateurs.

b) *Paquetage des brigadiers d'escouade.*

Le brigadier d'escouade est muni d'une lanterne pliante,

destinée à l'éclairage dans le cantonnement. Cette lanterne est placée sur la sacoche droite dans les régiments de dragons et de légère ; sur la sacoche gauche dans les régiments de cuirassiers.

c) *Paquetage des maréchaux ferrants.*

Le harnachement de maréchal ferrant est pourvu de deux poches à fers contenant : à gauche, trois fers articulés et deux plaques de tôle ; à droite, un fer articulé et le bottillon de clous. La ferrure de son cheval est placée dans le fourgon-forge.

Le maréchal ferrant est en outre pourvu de la sacoche spéciale, qui est arrimée sur la sacoche gauche ou suspendue à la selle du côté opposé au sabre, au choix du chef de corps.

d) *Paquetage des cavaliers porte-sacoches d'ambulance.*

Les cavaliers porte-sacoches d'ambulance médicale ou vétérinaire roulent le manteau (Voir § 1) de manière à pouvoir l'arrimer au-dessus de ces sacoches. Ils placent la ferrure de leur cheval dans le fourgon-forge de leur unité.

Les sacoches d'ambulance se fixent sur la selle en plaçant le chapelet qui réunit les deux sacs sur l'extrémité postérieure des bandes d'arçon ; la sous-ventrière (pour les sacoches qui en sont munies) a pour but de limiter les mouvements latéraux et d'éviter ainsi les détériorations du contenu.

e) *Paquetage des hommes à pied.*

Les hommes à pied placent leurs effets dans leur sac à distribution et celui-ci dans le fourgon-forge de leur unité.

II. — Outils.

f) *Paquetage des sapeurs.*

Répartition des outils dans l'escadron.

5. Dans chaque escadron, chacun des pelotons est pourvu des outils suivants :

1 pioche ;
1 pelle ou une hache ;
1 scie articulée ;
4 cisailles (1).

Dans chaque peloton, trois cisailles sont réparties entre le trompette et deux éclaireurs ; tous les autres outils sont confiés aux sapeurs.

Dans les pelotons comptant deux sapeurs (1 sapeur et

____

(1) Chaque escadron doit recevoir 12 cisailles en plus des 4 qu'il possède.

1 élève), l'un porte la pioche et la scie articulée, l'autre la pelle ou la hache et la cisaille.

Dans les pelotons comptant trois sapeurs (1 gradé, 1 sapeur et 1 élève, ou 1 sapeur et 2 élèves), le gradé ou le 2e élève porte la cisaille, le 1er élève la pelle ou la hache, le sapeur la pioche et la scie articulée.

Place des outils sur le paquetage.

1° Régiment de cuirassiers :
La pioche, la pelle et la hache sont placées sur la sacoche gauche ;
La scie articulée sur la sacoche droite ;
La cisaille sur la sacoche droite ou sur la sacoche gauche, suivant que son détenteur emporte un autre outil ou n'en emporte pas ;
2° Régiments de dragons et de légère :
La pioche, la pelle et la hache sont placées sur la sacoche droite ;
La scie articulée sur la sacoche gauche ;
La cisaille sur la sacoche droite par les éclaireurs et les sapeurs non pourvus d'un autre outil, et sur la sacoche gauche par les gradés ou cavaliers porteurs d'un autre outil.

Arrimage des outils.

Pioche. — Le fer, dans son étui, est placé le long de la sacoche, en arrière du sac à distribution, la pointe en bas, l'ouverture de l'étui contre la sacoche : il est maintenu par les deux courroies de sacoche engagées dans la passe de l'étui.

Le manche, engagé dans son anneau ovale, est suspendu à l'anneau du troussequin, du côté opposé au sabre, au moyen d'un boucleteau analogue au boucleteau porte-sabre, passant dans l'oreille de l'anneau ovale.

Hache. — Le fer, dans son étui, est placé sur la sacoche et le sac à distribution, le tranchant en bas, l'ouverture de l'étui à l'extérieur : il est maintenu par la courroie supérieure de sacoche engagée dans la passe de l'étui et par la courroie inférieure qui passe sur l'outil.

Le manche est porté comme celui de la pioche.

Pelle. — Le fer, dans son étui, est placé sur la sacoche et le sac à distribution, la douille en l'air, le bouton de fermeture de l'étui à l'extérieur : il est maintenu par la courroie supérieure de sacoche engagée dans les passes de l'étui et par la courroie inférieure qui passe sur l'outil.

Le manche, coiffé de sa botte et de son chapeau tronconique, est suspendu à l'anneau du troussequin, du côté opposé au sabre, au moyen d'un boucleteau analogue au boucleteau porte-sabre.

Scie articulée. — La scie, dans son étui, est placée sur la sacoche et le sac à distribution, l'ouverture de l'étui en dehors : elle est maintenue par les deux courroies de sacoche engagées dans les passes de l'étui.

Cisaille et lime. — La cisaille et la lime tiers-point, dans leur étui, sont fixées le long de la sacoche, l'ouverture de l'étui à l'extérieur : elles sont maintenues par les deux courroies de sacoche engagées dans les passes de l'étui.

Nota. — Tous les outils, à l'exception de la pelle, doivent être poussés en avant, de manière à découvrir la boucle du contre-sanglon de recouvrement de sacoche et à permettre d'engager la courroie supérieure de sacoche sous ce contre-sanglon.

Les sapeurs ne doivent pas être porteurs du seau en toile.

III. — Alimentation en campagne.

6. Pour les transports de concentration, la cavalerie prend au départ par période de vingt-quatre heures des vivres composés : 1° de viande froide ou charcuterie, fromage ou denrées analogues placés dans la gamelle individuelle et fournis par l'ordinaire ; 2° de pain, conserve de viande, sel, placés dans l'étui-musette et fournis par l'administration militaire.

En campagne, les cavaliers vivent par escouade, toutes les fois que c'est possible. Un homme est désigné comme cuisinier.

Il y a le plus souvent avantage à faire la cuisine par peloton.

Le soldat reçoit la ration forte pendant la période des opérations actives ou des grands froids, et la ration normale pendant les stationnements et les opérations qui n'imposent pas de grandes fatigues (1).

En campagne, l'officier d'approvisionnement du régiment fait les distributions journalières au moyen du train régimentaire qui a deux jours de vivres et des voitures qui portent la viande fraîche ; ce train régimentaire se réapprovisionne aux convois administratifs, qui portent quatre jours de vivres et qui ont, en outre, avec eux, un troupeau. Chaque escadron a un sous-officier d'approvisionnement.

Les généraux peuvent prescrire le procédé de nourriture chez l'habitant ; ils peuvent également avoir recours aux réquisitions.

Vivres de réserve.

Dans la sacoche de droite.

1 jour de pain de guerre, 3 jours de sucre et café, 1 jour de conserve de viande, 1 jour de potage salé.

---

(1) Voir le tableau des taux des rations, page 63.

Sur le devant de la selle.

1 repas d'avoine (2 kilos).

Nourriture du cavalier isolé. — Les cavaliers qui sont appelés à passer la journée hors de l'escadron et loin du peloton (patrouilles, estafettes, vélocipédistes, télégraphistes, etc.) reçoivent avant leur départ des ordres de réquisition et des reçus (à remettre aux municipalités ou aux particuliers) ainsi que des bons de demi-journée de nourriture, remplis à l'avance.

Dans des cas exceptionnels, les cavaliers isolés peuvent recevoir une indemnité représentative en argent.

Alimentation pendant les transports en chemin de fer (hommes et chevaux).

7. Pendant les transports de concentration, les hommes reçoivent :

1° De l'administration militaire, avant le départ et pour toute la durée du trajet : 375 grammes de pain, 100 grammes de conserves de viande par période de douze heures ou inférieure à douze heures;

2° De l'ordinaire, un repas toutes les vingt-quatre heures composé de viande froide, de charcuterie, de fromage ou d'autres denrées;

3° Un quart de café chaud, mélangé d'eau-de-vie ou de tafia, distribué dans les stations-haltes-repas par période de douze heures.

En outre, dans ces stations-haltes-repas, les hommes peuvent remplir leurs bidons d'une boisson préparée en mélangeant 25 centilitres d'eau-de-vie dans 10 litres d'eau.

8. *Distributions dans les stations-haltes-repas.* — On sonne « la soupe », les fourriers descendent avec deux hommes par wagon et ils reçoivent de l'officier d'administration le café, la boisson préparée, et, s'il y a lieu, les vivres destinés à l'escadron; la répartition aux hommes est faite dans les wagons.

En chemin de fer, les cavaliers portent en sautoir l'étui-musette contenant la gamelle, la cuiller, les vivres, la calotte et, s'il y a lieu, le surfaix et la musette-mangeoire.

Dès l'arrivée du train dans la station-halte-repas, tous les cavaliers se forment en bataille devant leurs wagons.

Ils sont ensuite conduits aux wagons à chevaux et distribuent aux animaux l'eau et le fourrage.

On se sert des seaux en toile de la halte-repas pour l'abreuvage. Éviter de les poser à terre quand ils sont mouillés, pour ne point salir l'eau des réservoirs.

Les distributions aux chevaux étant terminées et les gardes d'écurie relevés, les cavaliers remontent dans les wagons où le fourrier leur distribue des vivres. Ils peuvent ensuite redescendre sur les quais.

IV. — Munitions en campagne.

9. Chaque cavalier a avec lui 66 cartouches (11 paquets de cartouches réunies en chargeurs), soit 18 sur lui et 48 dans son paquetage.

Les cuirassiers n'ont que 48 cartouches au lieu de 66.

Au fur et à mesure de leur consommation, ces cartouches sont remplacées. Le réapprovisionnement de la cavalerie se fait aux sections de munitions de l'infanterie et éventuellement aux sections de parc de corps d'armée. Les divisions de cavalerie se réapprovisionnent à leurs batteries.

Chaque régiment est pourvu de pétards et de détonateurs. En principe, chaque cavalier porte un pétard et les gradés portent les détonateurs.

Chaque division de cavalerie a un chariot d'explosifs contenant : 1.500 pétards, 800 détonateurs, 728 amorces pour pétards, 720 allumeurs et 800 mètres de mèche lente.

V. — Travaux de campagne.

10. Ce sont des ouvrages de fortifications faits rapidement en terre par les soldats sur un point à défendre pour mieux résister et pour abriter le tireur des coups de l'ennemi. Ces travaux, ainsi que les abatis et les organisations défensives des murs, des fossés, des haies, etc., sont faits par le génie et par les troupes d'infanterie.

La cavalerie peut être appelée à coopérer à ces travaux, surtout à la mise en état de défense des lieux habités. Elle est souvent chargée de rétablir des passages et des communications et de faire des destructions.

Chaque escadron a 4 sapeurs (anciens cavaliers), 5 élèves sapeurs (en principe, de jeunes soldats), et un sous-officier ou brigadier. Ils ont, comme insigne, deux haches en sautoir; ils sont porteurs des outils ci-après : 12 cisailles à main, 2 haches portatives, 4 scies articulées complètes, 2 pelles rondes et 4 pioches portatives.

Dans les cuirassiers, les sapeurs ont le revolver.

Observations. — La cisaille portative à main complète comprend : 1 cisaille, 1 lime tiers-point de 0^{m}15 de longueur, 1 manche de lime tiers-point et 1 étui.

La scie articulée complète avec étui comprend : 1 lame, 2 poignées, 2 charnières, 10 rivets, 1 lime tiers-point de 0^{m}12 de longueur et 1 étui.

Les étuis d'outils portatifs sont tous en cuir fauve.

VI. — Divers.

Convois.

11. Les convois transportent les cartouches, les vivres, les bagages des officiers, les effets d'habillement de rechange, l'argent, les outils et les malades.

Les voitures d'un régiment de corps d'armée comprennent : 2 voitures d'ambulance, 16 fourgons à vivres, 1 voiture à viande, 5 fourgons-forges.

Celles d'un régiment d'une division de cavalerie : 2 voitures d'ambulance, 6 voitures à vivres, 5 fourgons-forges, 1 voiture à viande.

Service de santé.

12. Assuré d'abord par les médecins des corps, assistés des infirmiers (1 par escadron) et des brancardiers : ils établissent des postes de secours sur le champ de bataille. Viennent ensuite les ambulances, les hôpitaux de campagne et les transports d'évacuation. Les aumôniers des cultes marchent avec les ambulances.

Convention de Genève.

13. Les établissements où sont soignés les militaires, les voitures d'ambulance et le personnel du service de santé sont neutrés. Le personnel a le brassard blanc à croix rouge, les voitures et établissements un drapeau blanc à croix rouge et le drapeau national.

Services divers.

14. La trésorerie, les postes et les télégraphes fonctionnent aux armées par les soins des agents ordinaires de ces services, qui sont mobilisés et organisés en sections.

La direction générale des chemins de fer est sous l'autorité de l'État-major général de l'armée.

CHAPITRE XIII

SERVICE EN CAMPAGNE ET DIVERS

I. — Rôles de la cavalerie en campagne.

1. Elle a quatre missions principales : elle *explore*, elle *éclaire*, elle *couvre* et elle *combat*.

Elle explore en allant au loin en avant de l'armée prendre le contact de l'ennemi, pour fournir au commandant des troupes les renseignements d'après lesquels il dirigera ses opérations.

Elle couvre en assurant autour de la troupe dont elle dépend une zone surveillée assez étendue pour donner à cette troupe l'espace et le temps nécessaires à ses manœuvres.

Elle doit renseigner le chef sur la présence et les mouvements de l'ennemi et protéger les troupes contre les surprises.

C'est le rôle de la sûreté.

La cavalerie est faite pour la guerre; mais son rôle principal, c'est le service d'éclaireur et de reconnaissance.

2. *Cavalerie au combat.* — La cavalerie, comme les autres armes, concourt à briser les résistances de l'ennemi.

Elle a pour cela trois moyens : le choc, l'arme blanche et le feu.

Le service d'exploration comporte :

1° Le gros des forces, qui reste groupé de façon à pouvoir, s'il y a lieu, combattre la cavalerie adverse et briser les résistances;

2° La découverte est faite par des reconnaissances d'officiers et par des détachements de découverte dont les hommes et les chevaux sont prêts à tous les efforts qu'on pourra leur demander;

3° La transmission des renseignements se fait par les estafettes, par les postes de correspondance et par le télégraphe.

3. La cavalerie divisionnaire est un escadron attaché à chaque division d'infanterie; il a pour mission d'assurer à l'infanterie une protection rapprochée et de l'entourer de patrouilles actives et vigilantes, afin qu'elle marche en toute tranquillité jusqu'au moment du combat, et qu'elle ne reçoive ni coups de canon, ni coups de fusil, ni insultes de la cavalerie avant d'avoir été avertie.

Cet escadron doit protéger la division contre les surprises en lui signalant à temps tout danger immédiat.

Pendant le combat, il continue à envoyer des patrouilles de combat qui doivent redoubler de vigilance pendant l'action, principalement sur les flancs.

Puis il coopère à briser la résistance de l'ennemi quel qu'il soit, en saisissant toute occasion de charger, de rompre une ligne et d'appuyer l'attaque de l'infanterie.

Son intervention finale intimide l'ennemi et souvent lui fait abandonner sa position.

Cavaliers isolés en mission. — Observer.

4. Le premier devoir du cavalier employé à une mission spéciale, au service d'exploration ou de sûreté est avant tout de bien comprendre la mission qu'il a à remplir, le but à atteindre; si les explications qu'on lui a données ne suffisent pas, il ne doit pas hésiter à en demander d'autres à son chef.

Le cavalier isolé, qu'il soit en vedette, qu'il soit éclaireur, qu'il soit en patrouille ou même estafette, doit observer tout ce qu'il voit et tout ce qu'il rencontre, recueillir tout ce qu'il entend et se le graver dans la mémoire.

5. Suivant les cas, l'attention du cavalier doit spécialement porter sur les points ci-après :

En vue de l'ennemi. — L'espèce d'arme : infanterie artillerie, cavalerie, convois. — Son importance et son nombre, soit en régiments, en bataillons, en compagnies, bat-

On consulte sa carte et on prend des notes.

teries, escadrons, soit en petits groupes, soit enfin en isolés. — Sa formation soit en marche sur route ou à travers champs, soit en rassemblement et au repos, soit en formation de combat. — Sa direction, sa vitesse, son uniforme.

Il doit signaler les lieux et villages inoccupés par l'ennemi.

Routes et chemins. — Nature du chemin : route, chemin vicinal, chemin de terre, sentier. — Plaqués et poteaux indicateurs. — État de viabilité : pentes; largeur du front sur lequel on peut passer; bordés de haies, d'arbres ou de fossés; s'ils vont droit ou s'ils serpentent; en remblai, en déblai ou à flanc de coteau; terrains traversés; rivières, ponts, défilés, lieux habités qu'ils traversent ou qu'ils longent.

Chemins de fer. — Tunnels; ponts, en remblai, en déblai; points de passage; nombre de voies, leur état, vérification de la largeur; gares, quais d'embarquement, changements de voies, signaux, réservoirs à eau, télégraphe; approvisionnement de charbon; nombre de wagons et de locomotives; classement du matériel roulant.

Cours d'eau. — Points de passage les plus favorables aux troupes de différentes armes. Largeur; profondeur; nature des rives, leur escarpement, leur élévation relative; position des ponts, leur mode de construction; bacs ou gués (les gués sont généralement situés en aval d'un coude de la rivière, et leur position est presque toujours indiquée par un chemin qui aboutit à la rivière et se prolonge de l'autre côté); direction, nature du fond et largeur des gués; leur profondeur, qui ne doit pas excéder, pour l'artillerie, 65 centimètres, pour l'infanterie 1 mètre (80 centimètres si le courant est rapide), et pour la cavalerie 1^{m}20; lieux habités situés sur les bords du cours d'eau; ressources en bateaux, bacs et matériaux qui peuvent s'y trouver. État et largeur des chemins qui longent le cours d'eau.

Canaux : largeur, points de passage, écluses, déversoirs, barrages; état et largeur des chemins qui les longent.

Digues; leur nature, leur hauteur, leur épaisseur.

Défilés. — Longueur, largeur, viabilité, nature des hauteurs dominantes et des débouchés; moyens de rétablir ou d'intercepter le passage.

Forêts et bois. — Étendue; situation par rapport à la route suivie; voies de communication qui les traversent; nature de la forêt ou du bois : futaies, taillis, praticables à l'infanterie, à la cavalerie; lisières; lieux habités; hauteurs qui peuvent exister aux alentours.

Terrains. — Terrains découverts, couverts, coupés; nature du sol, de la terre, des cultures.

Hauteurs. — Situation, élévation, nature, pentes; moyens d'atteindre leur sommet ou de les franchir.

Plaines. — Étendue : nom et nombre des villages qu'on aperçoit; nature du terrain et des cultures; bouquets de bois, clôtures, cours d'eau ou marais, fossés larges et profonds ou chemins creux, obstacles qui peuvent gêner les mouvements des troupes.

Lieux habités. — Situation et importance; ressources de toute nature qu'ils renferment pour la nourriture, l'entretien et le cantonnement des troupes : fourrages, avoine, pain, farine, bétail, eaux, denrées de toute espèce ; moyens de transport qu'ils peuvent fournir ; établissements hospitaliers, disposition des principales maisons, des églises ; cimetières, etc. ; châteaux, usines, gares de chemins de fer, postes télégraphiques.

Habitants. — Leur nombre, leur caractère, amabilité, hostilité, inquiétude ; renseignements qu'ils peuvent donner sur l'ennemi et sur les passages de troupes.

Le cavalier, dans tous les services d'exploration, de découverte et de sûreté, est appelé à fournir des renseignements à ses chefs. Ces renseignements peuvent influencer le général dans la détermination qu'il prendra pour la conduite de ses troupes et pour le combat.

Le cavalier doit donc se souvenir que son rôle est délicat et très important.

Le cavalier puise de nombreux renseignements en interrogeant les personnes isolées qu'il rencontre, divers habitants dans chaque village, les jeunes gens, les enfants, les aubergistes, puis les maires et les notables.

On trouve également des renseignements précieux dans les bureaux de poste et de télégraphe et dans les journaux du jour.

6. Le cavalier fait à son retour un compte rendu verbal, précis et exact. Il communique ensuite les renseignements

qu'il a pris par écrit au cours de sa route, mais il doit toujours avoir soin de distinguer ce qu'il a vu par lui-même de ce qu'il a recueilli par renseignements.

Dans ce cas, il doit mentionner la source d'où proviennent ces renseignements.

Il doit pouvoir répondre aux quatre questions suivantes : *Qui? Quand? Où? Comment et combien?*

Progresser en avant en terrain varié.

7. Les cavaliers doivent, à l'aspect du terrain, choisir d'avance des points d'observation d'où ils découvriront successivement les diverses positions et tous les replis du terrain; sur ces points d'observation, utiliser les couverts pour dissimuler leur présence.

Dans l'observation (patrouilles, reconnaissances), il faut se porter en avant de points d'observation en points d'observation, en profitant du terrain pour se défiler à la vue et aux coups de l'ennemi.

L'infanterie a en mains un fusil à poudre sans fumée dont la justesse et la portée lui permettent de ne pas se laisser approcher par un cavalier qui se ferait voir imprudemment.

Il est cependant du devoir du cavalier de s'approcher de très près des positions à reconnaître, mais il ne peut le faire qu'en utilisant tous les replis du sol et les terrains couverts qui seront pour lui un rideau de protection contre la vue de l'ennemi.

Estafettes.

8. L'estafette est un cavalier chargé de la transmission d'un renseignement ou d'une dépêche.

Il doit prendre l'allure qu'on lui prescrit selon le cas et suivre l'itinéraire indiqué, dont il ne s'écarte que pour éviter de traverser un endroit dangereux et de tomber entre les mains de l'ennemi.

Il va d'un poste de correspondance à un autre, ou bien, s'il n'y en a pas d'établis, il va jusqu'à la destination finale par le chemin le plus court.

L'estafette doit, autant que possible, savoir lire une carte et arriver coûte que coûte dans le temps indiqué.

Vitesses prises par les estafettes. — Les estafettes doivent se conformer aux allures indiquées par celui qui les envoie.

A la vitesse ordinaire, il fait en moyenne 2 kilomètres de trot pour 1 kilomètre de pas, soit 10 kilomètres à l'heure environ.

A la vitesse accélérée, il fait la route au trot, soit environ 14^{km} 400 à l'heure.

. A la vitesse rapide, il fait la route au galop et marche ainsi à une vitesse moyenne de 20 kilomètres à l'heure.

Au retour, à moins d'indication contraire, il revient au pas, après avoir laissé son cheval se reposer un instant. Il rejoint son escadron, rend compte et remet le reçu qui lui a été donné.

Le sentiment spécial de devoir que possède l'estafette est que toute dépêche doit parvenir à sa destination, quelles que soient les difficultés rencontrées. Le cavalier doit prendre toutes les précautions voulues pour accomplir complètement sa mission, aucune excuse ne peut être admise.

Le service des estafettes se fait toujours à cheval dans le voisinage immédiat de l'ennemi ; mais loin de l'ennemi

Estafette au trot.

et en vue de ménager les chevaux, la transmission par estafettes peut se faire en voiture, en chemin de fer ou à bicyclette.

Lorsqu'il y a intérêt, l'estafette peut communiquer en route le contenu de sa dépêche à des officiers du parti, engagés dans l'opération qui l'interrogent.

Service de marche.

9. On marche ordinairement en colonne par quatre ou par deux, sur le côté droit de la route, en laissant libre le côté gauche.

Chaque cavalier doit rester à sa place ; il lui est défendu de faire aucun cri de marche ou de halte, de s'arrêter individuellement aux ruisseaux et aux fontaines, de quitter les rangs pendant la traversée des villages.

Les cavaliers doivent conserver leurs distances et avoir toujours à cheval une position régulière.

Vitesses de marche d'une troupe de cavalerie. — 1º Au pas, on fait ordinairement le kilomètre en neuf minutes cinq secondes, soit 6^{km} 600 à l'heure.

2º Au trot, on fait le kilomètre en quatre minutes dix secondes environ, soit 14^{km} 400 à l'heure ; en trottant le quart du temps on fait environ 8^{km} 500 à l'heure, en trottant un tiers du temps on fait environ 9 kilomètres ; en trottant la moitié du temps on fait 10^{km},500; les deux tiers du temps 12 kilomètres; au trot constant 14^{km},400 à l'heure.

La vitesse de 8 à 9 kilomètres à l'heure est une vitesse normale, loin de l'ennemi, pour une colonne de quelque importance.

Près de l'ennemi, c'est le but à atteindre qui commande la vitesse.

Mais la condition essentielle est que la troupe arrive en état d'aborder vigoureusement l'ennemi et de le poursuivre ensuite. Toute marche, quelque rapide qu'elle soit, qui met la troupe hors d'état de remplir son rôle de combat, est une marche mal dirigée.

3° Au galop, on fait le kilomètre en deux minutes cinquante-six secondes, soit 20 kilomètres à l'heure.

La cavalerie chargeant fait en une minute, au trot, 210 mètres; au galop 310, et au galop allongé 440 mètres.

Si un cavalier en route a un besoin pressant de s'arrêter, il demande l'autorisation à son chef de peloton, qui désigne un autre cavalier pour rester avec lui et lui tenir son cheval.

10. *Haltes.* — A chaque halte, les cavaliers mettent pied à terre; ils se reposent, mais ils doivent porter leur attention sur leur selle, sur le paquetage, sur la sangle, puis sur les pieds de leurs chevaux.

Ce petit examen souvent répété peut éviter des blessures au cheval.

Lorsqu'on remonte à cheval, les cavaliers s'aident entre eux en tirant chacun sur l'étrivière hors montoir de leur voisin de gauche, de façon que la selle ne soit pas déplacée.

Marche du cavalier isolé. — Ménager sa monture.

11. La continuelle préoccupation pour le cavalier en marche est de faire la marche où le service prescrit tout en ménageant soigneusement les forces de sa monture, qui est son compagnon fidèle; il ne faut en user que dans les justes limites imposées par la nécessité.

Au moment du combat, un cheval vigoureux et énergique sera pour le cavalier une garantie du succès.

Les précautions à prendre par le cavalier isolé sont :

1° Ne prendre les grandes allures qu'en cas de nécessité et suivre toujours, si possible, le chemin le moins long;

2° Sur une route, rechercher la partie la moins dure; il vaudrait souvent mieux marcher au milieu que sur les bords, si ceux-ci étaient garnis de pierres roulantes. Les accotements gazonnés sont excellents s'ils ne sont pas coupés par des petits caniveaux qui fatiguent le cheval par la gêne qu'ils donnent à la régularité de sa marche;

3° En terrain varié, marcher sur les pelouses ou dans les terres unies, en évitant les terres de gros labours et les terrains trop détrempés.

Sûreté en marche. — Avant-gardes, flanqueurs. Arrière-gardes

12. Les colonnes en marche sont protégées par une avant-garde, par des flanc-gardes et par une arrière-garde.

On donne à l'avant-garde une force d'autant plus grande que la troupe à couvrir est plus importante ; elle se fractionne ainsi : en avant, la *pointe*, ensuite la *tête d'avant-garde*, puis le *gros de l'avant-garde*.

Si un échelon perd de vue momentanément, à cause du terrain, celui qui le précède, on détache des jalonneurs qui doivent voir l'échelon précédent et être vus par l'échelon qui les détache.

La cavalerie à l'avant-garde est à une distance en avant de la troupe à couvrir qui dépend du terrain et des circonstances ; mais la tête d'avant-garde doit être assez en avant pour qu'elle puisse mettre la colonne principale à l'abri du feu de l'artillerie, à 3 kilomètres environ.

13. *La pointe.* — Pour les petites fractions, elle se réduit à un petit groupe d'éclaireurs composé de six cavaliers en moyenne. La pointe est commandée en principe par un officier.

Les cavaliers de la pointe marchent échelonnés en se dissimulant le mieux possible.

La pointe suit la route, mais en procédant par bonds successifs d'une hauteur à la suivante ou d'un tournant de route à l'autre.

Elle traverse rapidement les espaces découverts et elle s'arrête pour observer dès qu'un obstacle nouveau masque la vue.

Les cavaliers doivent rester espacés de quelques mètres. En général, le chef de la pointe emploie ses cavaliers par groupe de deux.

14. Les cavaliers éclaireurs ne doivent jamais rester sur un terrain dont l'horizon est limité ; ils doivent toujours se poster pour voir au loin le terrain en avant et souvent ils donnent des coups de sonde dans les terrains couverts.

Les cavaliers de pointe sont les premiers yeux de la colonne, aussi doivent-ils tout observer avec attention et réflexion. Ils fouillent les abords de la route jusqu'à une distance de 400 à 500 mètres.

Les cavaliers de la pointe ne se laissent jamais dépasser par des personnes se dirigeant vers l'ennemi. Tout passant est interrogé et conduit, s'il y a lieu, au chef de la tête d'avant-garde.

La pointe transmet en arrière tous les renseignements importants.

Les cavaliers de pointe en présence d'obstacles, de hau-

teurs, de défilés, de ponts, de bois, de lieux habités, etc.,
opèrent ainsi :

1° *Obstacles.* — A la rencontre d'obstacles tels que
voitures renversées, barricades, coupures, etc., la pointe
s'écarte et la tourne, puis elle s'arrête pour observer.

Une pointe d'avant-garde.

Des cavaliers fouillent les abords, tandis que d'autres
établissent le passage si c'est possible.

Si elle ne peut pas passer, elle prévient le commandant
de l'avant-garde, qui fait rétablir la circulation.

2° *Hauteur.* — Deux cavaliers et le chef de la pointe
gravissent la pente et s'arrêtent sans être vus, pour observer
le versant opposé.

3° *Défilé.* — La pointe le traverse rapidement, pendant
que la tête, qui a serré, en explore les alentours.

On prend ensuite position au delà sur les abords domi-
nants, soit pour observer, soit pour résister.

4° *Pont.* — Les cavaliers en examinent les abords, puis
le dessous et les voûtes, pour s'assurer qu'aucun travail
de destruction n'a été préparé.

5° *Bois.* — Si le bois a peu d'étendue, deux cavaliers
prennent les devants et le traversent ; l'un reste au débouché tandis que l'autre vient rendre compte.

Si le bois est plus étendu, d'autres cavaliers complètent son exploration autour et à l'intérieur.

6° *Lieux habités.* — Les cavaliers de pointe, à l'approche
d'un village, s'emparent d'abord d'un habitant pour obtenir

des renseignements, puis des cavaliers font le tour du village pendant que d'autres, parcourant la rue principale, rejoignent les premiers à l'autre issue.

Si la localité est plus considérable, des cavaliers la parcourent rapidement dans tous les sens et font signe ou viennent au besoin rendre compte au chef de la pointe resté à l'entrée de la localité.

Si le village est occupé, la pointe se retire avec précaution immédiatement, en ramenant au commandant de l'avant-garde les habitants qu'elle a pu arrêter.

Lorsqu'elle rencontre l'ennemi, elle observe avec attention sa force et sa situation, elle prévient le commandant de l'avant-garde et ne fait feu que si elle n'a pas le temps de prévenir autrement.

Si l'ennemi se retire, la pointe continue de marcher, sans chercher à poursuivre; s'il semble agressif, la pointe marche résolument à sa rencontre; s'il est supérieur en forces, elle se replie avec calme sans gêner l'action du gros de l'avant-garde.

15. *Tête d'avant-garde.* — La tête d'avant-garde soutient la pointe dont elle est pour ainsi dire la réserve et elle maintient la relation avec le gros de l'avant-garde. Elle marche aussi par bonds successifs et règle son mouvement sur la pointe.

16. *Gros de l'avant-garde.* — Le gros de l'avant-garde refoule les partis ennemis et les empêche d'observer la colonne. Si l'ennemi est en force considérable, il le surveille et sert de rideau à la colonne, qui prend ses dispositions d'attaque.

Le gros de l'avant-garde fournit les patrouilles des flanqueurs.

17. *Service des flanqueurs.* — Les flanqueurs formés en en petites patrouilles surveillent, à droite et à gauche de la colonne, les directions où l'ennemi pourrait déboucher; ces patrouilles restent en observation pendant l'écoulement de la colonne en donnant des coups de sonde dans les directions transversales.

Elles rejoignent ensuite en doublant l'allure.

Un excellent moyen d'observer pour toutes les patrouilles dans bien des cas, c'est de se porter en avant des fourrageurs à grands intervalles, pour exercer la surveillance d'une façon complète.

18. *L'arrière-garde.* — Elle surveille constamment les derrières pour empêcher l'approche de partis ennemis.

En outre elle arrête les maraudeurs et empêche les traînards de rester en arrière.

Dans les marches rétrogrades, elle a une force assez

importante; elle doit alors résister de position en position pour donner à la colonne le temps de s'éloigner.

Chaque fois qu'une colonne de cavalerie s'arrête, son avant-garde et son arrière-garde occupent pendant la halte, avec des vedettes, tous les points favorables à l'observation. C'est la halte gardée.

En campagne, les troupes ne rendent d'honneurs ni pendant les marches, ni pendant les haltes.

Stationnements.

19. Il y a trois espèces de stationnement :

Le cantonnement, les bivouacs et les camps.

Le cantonnement est l'occupation plus ou moins sommaire des habitations, remises, granges, écuries et locaux divers des localités.

Le bivouac est l'installation en plein air ou sous des abris provisoires.

Les camps sont des installations sous la tente ou dans des baraques.

Il y a le cantonnement ordinaire, le cantonnement d'alerte et le cantonnement-bivouac.

Le cantonnement est reconnu et préparé par le campement, qui comprend, pour le régiment, un officier et un adjudant, et par escadron, un fourrier, un brigadier et deux cavaliers.

Quand c'est possible, un maréchal accompagne le campement.

20. *Devoirs du cavalier au cantonnement.* — Le cavalier doit :

S'installer rapidement dans son cantonnement, prendre toutes précautions voulues pour mettre son cheval dans les meilleures conditions suivant l'installation. Nettoyer et sécher les effets et les chaussures qu'il avait mis pour la marche. S'occuper de sa propreté corporelle; donner les soins aux chevaux et au harnachement;

Entretenir avec le plus grand soin ses armes et ses cartouches. Conserver scrupuleusement ses vivres de réserve jusqu'au jour où l'ordre sera donné de les consommer;

Prendre chaque repas à l'heure indiquée et conserver pour le repas suivant ce qui est prescrit;

Bien se reposer au cantonnement et dormir jusqu'au réveil; les camarades veillent aux avant-postes.

Le cavalier doit vivre en bonne intelligence avec ses hôtes; être poli avec eux, respecter leurs propriétés, leurs biens, leurs fourrages et n'exiger que ce qui lui est dû.

Il doit n'aller aux latrines qu'à l'endroit (1) désigné

____

(1) Il faut faire des feuillées derrière les maisons, puis chaque jour les reboucher et creuser une nouvelle fosse.

pour cela; il doit éviter de fumer dans les écuries et dans les locaux où se trouvent des fourrages et des matières inflammables, et ne se servir que de lanternes bien closes.

Il doit se coucher à l'endroit fixé.

Le cavalier ne doit pas attacher son cheval à quelque chose de mobile, comme une charrue, une échelle, des fagots, etc. Sinon il se produit des accidents.

Les écuries à poules sont mauvaises à occuper à cause des plumes et du fumier de poules qui se mélangent au fourrage et à l'avoine.

Le voisinage des bêtes à cornes est souvent dangereux.

Au cantonnement, il faut être constamment en état de prendre les armes; aussi faut-il faire son paquetage tous les soirs pour n'avoir qu'à le compléter et à le charger rapidement.

Les selles et le harnachement doivent être disposés de façon à être mis rapidement sur les chevaux et les armes placées à la portée du cavalier.

Les voitures sont chargées le soir. Les cavaliers doivent connaître l'endroit où l'escadron doit se rassembler.

On commande tous les jours dans chaque régiment un demi-escadron pour le service. Cette fraction est dite de jour.

La partie disponible de la fraction de jour prend le nom de *piquet*.

21. *Cantonnement d'alerte.* — Tout près de l'ennemi, on n'emploie que le cantonnement d'alerte; on n'occupe que le rez-de-chaussée, les cavaliers couchent tout habillés à côté de leurs chevaux qui peuvent rester sellés et bridés s'il y a urgence. On conduit les chevaux par fractions à l'abreuvoir et on les fait manger par moitié.

Les locaux et même les rues restent éclairés pendant la nuit.

Avant-postes de la cavalerie.

22. La cavalerie doit garder ses cantonnements ou ses bivouacs de façon à résister sur place, si l'attaque n'est pas vigoureuse, ou à pouvoir évacuer en ordre parfait ses cantonnements et recouvrer en rase campagne la liberté d'action qui est nécessaire à des cavaliers pour manœuvrer.

La durée du service aux avant-postes est de vingt-quatre heures. Pendant ce temps, il faut faire appel à son énergie, à son intelligence et à toute son âme; une seule minute de négligence ou de faiblesse peut compromettre la sécurité de l'escadron, du régiment, même de l'armée.

Il comporte d'abord les troupes employées à la défense des cantonnements les plus avancés, ensuite les postes qui ont mission d'observer et de prévenir.

Les patrouilles et les reconnaissances complètent le service des avant-postes en étendant davantage le rayon d'observation.

Les issues des villages sont solidement barricadées et organisées pour le tir, ainsi que toutes les clôtures et les murs.

Personne ne doit franchir l'enceinte du cantonnement.

Chaque escadron désigne par jour la fraction chargée de la garde et de la défense des obstacles. On entretient autour du cantonnement un service très actif de patrouilles.

Le chef de la fraction désignée dans l'escadron reste en relation constante avec les postes placés en avant du cantonnement.

Les postes exercent leur surveillance par des vedettes qui sont placées sur des points favorables à une assez faible distance du poste.

Vedettes.

23. Les vedettes sont des cavaliers détachés par les postes, autant que possible à portée de la vue ou de la voix, et chargés d'observer.

Une vedette est simple ou double, suivant qu'elle se compose d'un ou deux cavaliers.

La vedette simple est employée en terrain découvert ou lorsque le poste est très rapproché; dans ce dernier cas, la vedette peut laisser son cheval au poste et observer à pied.

Les vedettes sont doubles lorsque le terrain est couvert, difficile à surveiller ou lorsque le poste est éloigné. Les deux cavaliers conservent alors leurs chevaux. L'un observe sans bouger, l'autre patrouille autour, fouillant les couverts rapprochés, on assure la communication avec le poste ou avec les vedettes voisines. La nuit, les vedettes sont toujours doubles.

Les vedettes ne rendent pas d'honneurs; elles doivent être attentives de l'œil et de l'oreille, ne pas s'envelopper la tête, ni se couvrir les oreilles. Elles ont toujours l'arme prête à faire feu, elles ne se couchent pas, ne s'assoient pas, ne lisent pas, ne fument pas. Elles connaissent le mot de ralliement et le signal convenu pour les rondes et les patrouilles à leur rentrée.

A cheval, elles placent la carabine en travers de la selle.

La vedette, après avoir reçu des renseignements sur l'ennemi et sur le pays, doit connaître exactement le secteur qu'elle a à observer; elle le fouille du regard; elle écoute bien, perçoit et analyse tous les bruits; elle observe spécialement les maisons, leurs abords, les haies, les chemins creux, les taillis, les grandes routes, les carrefours, les rivières, les ponts, les passages à niveau.

Elle ne se dérobe à la vue de l'ennemi que lorsqu'elle voit parfaitement en avant; elle dissimule alors sa présence par des couverts quelconques.

La vedette doit connaître l'emplacement des vedettes voisines et le chemin qui conduit à son poste.

La nuit, elle surveille et garde surtout les lieux bas, les sentiers, les ponts, les carrefours et les chemins, car l'ennemi les suivra, puis elle se fie surtout à ses oreilles.

Les vedettes doivent toujours s'orienter et choisir un point de repère parfaitement distinct dans la direction à observer pour éviter toute surprise, surtout la nuit.

Le service de la vedette est bien simple, mais important : observer l'ennemi, avertir de ses mouvements, ne laisser passer personne par la ligne de surveillance.

Le relèvement se fait habituellement toutes les deux heures; il a lieu toutes les heures pendant la nuit et par les temps froids.

La vedette relevée donne sa consigne à la nouvelle; elle lui dit exactement ce qu'elle a vu et entendu, puis elle donne tous les renseignements qu'elle a recueillis sur les emplacements de l'ennemi, sur ses mouvements et sur le terrain.

En rentrant au poste, elle fait à son chef un rapport verbal.

24. Les vedettes arrêtent tout isolé ou tout groupe passant dans leur voisinage.

Pour arrêter, les vedettes crient, de jour comme de nuit : « Halte-là ! » Si on ne s'arrête pas, elles crient, comme deuxième avertissement : « Halte-là ou je fais feu ! » Dans le cas où, malgré cette seconde injonction, on continue à s'avancer, elles font feu.

Si on s'arrête, elles préviennent le chef du poste, mais ne se laissent pas approcher.

Le chef de poste vient et crie : « Qui vive. » Quand il lui a été répondu : « France, soldat, ou détachement de tel corps, patrouille ou ronde », ou quand les signaux convenus ont été faits, il crie : « Avance à l'ordre ! »

Si les personnes arrêtées font partie de petits groupes d'isolés, le chef de poste ne les laisse approcher que successivement.

De nuit, ce n'est pas le chef du petit poste qui reconnaît, c'est le commandant en arrière de la grand'garde qui vient reconnaître.

25. *Rondes.* — Les rondes sont faites par un officier ou un sous-officier, accompagné de 2 ou 3 hommes en armes. Elles s'assurent de la vigilance des vedettes et des sentinelles ; elles relient entre eux les petits postes et la grand'garde et elles concourent à la surveillance en observant pendant leur marche.

Les rondes circulent généralement à l'intérieur de la ligne de surveillance.

De jour comme de nuit les rondes, les patrouilles et les troupes en marche se reconnaissent de la façon suivante : la vedette ou le chef qui, le premier, aperçoit la ronde, la patrouille ou la troupe, crie : « Halte-là ! » puis : « Qui vive ! » A la réponse : « Ronde, patrouille, détachement de tel régiment, France ! » il crie : « Avance à l'ordre », reçoit le mot d'ordre du commandant de la ronde, patrouille ou troupe et donne en échange le mot de ralliement.

26. *Patrouilles.* — Les patrouilles sont des détachements de force variable que les troupes ou les avant-postes envoient en avant de la ligne des vedettes et sentinelles pour surveiller les parties du terrain échappant à la vue de ces dernières, ou pour observer les mouvements de l'ennemi lorsqu'on est au contact avec lui.

Les instructions données à chaque chef de patrouille avant son départ lui indiquent :

Le but précis de sa mission ;

L'itinéraire général à suivre ou le secteur à parcourir ;

Les points qu'il ne devra pas dépasser ;

La durée approximative de sa mission ;

Le mot d'ordre et de ralliement et les signaux.

Les patrouilles sont composées d'au moins trois hommes commandés par un brigadier, caporal, sous-officier ou par un officier.

Les patrouilles marchent avec précautions et sans bruit en s'arrêtant souvent pour écouter et s'orienter ; elles observent avec soin tout le terrain. Elles évitent d'engager le combat et plus encore de se laisser couper.

Tout chef de patrouille communique à ses hommes le mot d'ordre et les signaux pour qu'ils puissent rentrer isolément si la patrouille est obligée de se disperser. A la rentrée, le chef et les hommes rendent compte.

En patrouille, il faut s'orienter, garder le silence, beaucoup écouter, s'ingénier pour amortir le bruit des armes et des équipements et chercher par tous les moyens à passer inaperçu.

Le cavalier en patrouille explore les ravins, les couverts; il se faufile le long des murs, des haies, il voit derrière le mur élevé; il suit les chemins creux, mais de distance en distance il monte sur toutes les petites hauteurs voisines; il s'y poste pour examiner les environs et le versant opposé.

Patrouille en observation.

A la vue de l'ennemi, la patrouille se poste en se dissimulant; elle examine bien les ennemis, elle les compte et voit leurs formations; si cela est nécessaire, elle disperse quelques cavaliers en fourrageurs à grands intervalles pour augmenter les renseignements.

Si elle entrevoit la possibilité de faire des prisonniers pour avoir des renseignements, elle attaque.

Le compte rendu d'un cavalier éclaireur ou en patrouille se fait dans son langage habituel.

Il doit dire ce qu'il a vu par lui-même, puis ce qu'il a appris par renseignements.

Il doit donner des détails sur les chemins, le terrain, les cultures, les hauteurs, les cours d'eau, sur les habitations, leurs ressources, sur le caractère et l'humeur des habitants.

S'il a vu l'ennemi, il renseigne sur ses emplacements, son uniforme, sa force, son nombre, etc.

Reconnaissances.

27. Les reconnaissances font partie du service de sûreté, elles vont au loin en avant des vedettes et des patrouilles. Elles sont, en général, sous le commandement d'un offioier; elles peuvent avoir une grande envergure, mais elles ont toujours un objectif bien défini et elles cherchent à savoir les projets de l'ennemi ou à éventer ses mouvements.

II. — Combat à pied.

28. La cavalerie combat à pied lorsque la situation tactique et la nature du terrain l'empêchent momentanément d'atteindre, par le combat à cheval, le but qui lui est assigné.

La cavalerie doit donc bien étudier le service du tirailleur et le tir de la carabine.

Elle utilise le combat à pied dans l'offensive ou la défensive, mais l'action à pied de la cavalerie diffère essentiellement, dans ses procédés, de celle de l'infanterie.

L'infanterie fait reposer l'économie du combat sur une succession d'efforts progressifs fournis par des troupes échelonnées en profondeur, la cavalerie s'efforce, au contraire, de brusquer l'attaque ou d'arrêter l'ennemi à distance en déployant du premier coup, sur un front étendu, toute la puissance dont elle est susceptible. Son esprit d'entreprise, ses qualités propres de vitesse et de mobilité la rendent parfaitement apte aux réussites et aux succès dans l'offensive et dans la défensive.

Elle combat *dans l'offensive* : pour s'ouvrir à tout prix un passage, s'emparer d'un point d'appui ou d'un débouché qu'il convient d'occuper sans retard, surprendre des colonnes de toutes armes ou des cantonnements, enlever, sur les lignes de communication de l'ennemi, des points faiblement gardés, attaquer une ligne de postes pour reconnaître ou percer un rideau, etc...

Dans la défensive : Pour retarder la marche d'une cavalerie supérieure en nombre, en utilisant les obstacles difficilement franchissables comme les rivières, les canaux, les ravins profonds, tenir jusqu'à l'arrivée de l'infanterie un point dont l'occupation intéresse la suite des opérations, provoquer le déploiement prématuré d'avant-gardes ennemies de toutes armes, servir de soutien à l'artillerie ou de point d'appui à une manœuvre à cheval, défendre ses cantonnements, etc...

29. Une troupe de cavalerie s'engageant pour un combat à pied comprend, en principe :

1° *Le groupe des combattants à pied ;*

Le succès d'une action dépend de l'intensité immédiate du feu ; il y a donc intérêt à mettre en ligne le plus grand nombre de fusils possible.

2° *Le groupe des chevaux ;*

Le groupe des chevaux haut le pied est maintenu à portée des combattants à pied, mais à l'abri des coups et des vues de l'ennemi.

3° *Une réserve à la disposition du chef ;*

La réserve abritée se tient prête à intervenir dans le combat ; elle s'engage, de sa propre initiative, contre toute attaque menaçant les tirailleurs ou leurs chevaux.

4° *Des éléments de sûreté* fournis par la réserve.

Ils exercent une active surveillance sur les flancs et les derrières.

En principe, un combat à pied est précédé d'une reconnaissance sur les points d'attaque, sur les cheminements qui y aboutissent ou qui permettent de les déborder.

III. — Dans la bataille.

Combat de la cavalerie.

30. *L'association des armes* et la *combinaison des efforts* sont la condition première de l'emploi de la cavalerie dans la bataille :

La cavalerie coopère aux attaques des autres armes, sur le même terrain, contre le même adversaire. Elle profite des progrès des autres armes pour avancer, et du désordre ou de la désorganisation qu'elles jettent chez l'ennemi pour l'attaquer.

Elle exploite enfin leurs succès et les prolonge par une poursuite à outrance.

La cavalerie doit participer de très près à la lutte engagée par les autres armes.

Elle doit attaquer surtout toute infanterie ennemie ébranlée par le feu ou abandonnant une position, et toute artillerie insuffisamment soutenue ou qui se déplace à portée de ses coups.

Enfin, si l'ennemi accuse son infériorité et commence à céder le terrain, la cavalerie se porte rapidement sur la ligne de retraite pour achever la victoire et pour produire une déroute.

La poursuite doit être exécutée sans trêve, de jour et de nuit, et jusqu'à la limite extrême des forces des hommes et des chevaux.

31. La cavalerie est, par excellence, l'arme de la surprise; sa vitesse lui permet d'intervenir inopinément et de produire ainsi les plus grands résultats.

Dans le combat, elle agit suivant les instructions que lui a données le commandement; elle cherche par tous les moyens à apporter un concours constant et efficace aux autres troupes, avec lesquelles elle a le devoir de rester en liaison.

Dans la zone d'action de l'unité à laquelle elle est affectée, la cavalerie renseigne le commandement, couvre le déploiement des autres armes et les protège contre les surprises de combat. Elle recherche constamment l'occasion d'intervenir utilement dans l'action, et coopère aux attaques de l'infanterie.

Elle exploite le succès par une poursuite à outrance; dans la retraite, elle se sacrifie, totalement s'il le faut, pour donner aux autres troupes le temps de se retirer du combat.

L'attaque à cheval et à l'arme blanche qui, seule, donne des résultats rapides et décisifs, est le mode d'action principal de la cavalerie. Le combat à pied est employé lorsque la situation ou la nature du terrain empêche momentanément la cavalerie d'atteindre, par le combat à cheval, le but qui lui est assigné.

IV. — La liaison dans les opérations militaires.

32. La *liaison* assure la convergence de tous les efforts vers le but à atteindre, en établissant un échange constant de communications entre le commandement et ses subordonnés, et entre les chefs d'unités voisines.

Nature des signaux.

33. Les signaux constituent un moyen de correspondance *à vue*, dont on se sert quand les circonstances ne permettent pas d'employer d'autres procédés de communication.

Pendant le jour, les signaux sont exécutés à bras; la nuit, avec le feu d'une lanterne.

Ils servent à transmettre les signes de l'alphabet Morse (traits ou points).

A) *Signaux alphabétiques Morse.*

(Doivent être connus des gradés et des soldats agents de liaison et de transmission.)

34. Le système de correspondance employé est l'alphabet Morse.

Les signaux sont représentés :

De jour : le point, par l'apparition (1) d'un seul bras ou d'un seul objet ; le trait, par l'apparition (1) de deux bras ou de deux objets.

De nuit : le point par une émission lumineuse (demi-seconde) ; le trait, par une émission lumineuse longue (deux secondes).

Intervalles entre chacun des signaux d'une même lettre : environ une demi-seconde.

Intervalle entre deux lettres d'un mot, entre deux chiffres, avant ou après un signe de ponctuation : environ quatre secondes.

ALPHABET

A	. —	I	. .	S	. . .
B	— . . .	J	. — — —	T	—
C	— . — .	K	— . —	U	. . —
CH	— — — —	L	. — . .	V	. . . —
D	— . .	M	— —	W	. — —
E	.	N	— .	X	— . . —
É	. . — . .	O	— — —	Y	— . — —
F	. . — .	P	. — — .	Z	— — . .
G	— — .	Q	— — . —		
H	. . . .	R	. — .		

CHIFFRES

1	. — — — —	5	. . . . .	8	— — — . .
2	. . — — —	6	—	9	— — — — .
3	. . . — —	7	— — . . .	0	— — — — —
4	. . . . —				

PONCTUATION

POINT . . . . . . VIRGULE . — . — . — . —

B) *Signaux de service.*

Station ouverte : DE JOUR (*faire apparaître le bras ou un objet maintenu immobile*) ; DE NUIT (*feu fixe*).

---

(1) Lorsque les circonstances permettent de transmettre sans gêne, debout ou à genou, les bras sont placés horizontalement à hauteur de l'épaule pour figurer le point ou le trait.

Appels : *série de traits et de points alternés. Continuer jusqu'à ce que le correspondant réponde : « Invitation à transmettre ».*

Invitation à transmettre : *B R* (▬ – – – – ▬ –).

Erreur : *Faire une série de points (7 au moins).*

Attente : *A S* (– ▬ – – –).

Compris : *I R* (– – – – ▬ –).

Fin d'un mot (1) : *Donner le point.*

Fin de transmission : *A R* (– ▬ – ▬ –).

Changer la face du fanion. Employer le fanion : *Élever un fanion et tourner plusieurs fois la main en changeant la face du fanion.*

Couper la transmission : *trait prolongé.*

Mauvais feu en vue : *Couper la transmission, puis faire une série de points qui indiquent au correspondant de régler la direction de son feu, de vérifier si la lanterne est en bon état, si sa lampe brûle régulièrement. A mesure que la communication se rétablit, envoyer des séries de points de plus en plus précipités si le feu devient mauvais, de plus en plus lents dans le cas contraire, jusqu'au moment où la communication peut reprendre. Envoyer alors le signal « Invitation à transmettre ».*

C) *Signaux conventionnels.*

(Connus du plus grand nombre d'hommes possible.)

Munitions. . . . . . lettre **M** ▬ ▬ répétée plusieurs fois.
Ennemi. . . . . . . — **E** –
Infanterie. . . . . . — **I** – –
Cavalerie. . . . . . ═ **C** ▬ – ▬ –
Allonger tir artillerie. — **T** ▬

V. — Orientation.

35. Le cavalier doit partout chercher à s'orienter,

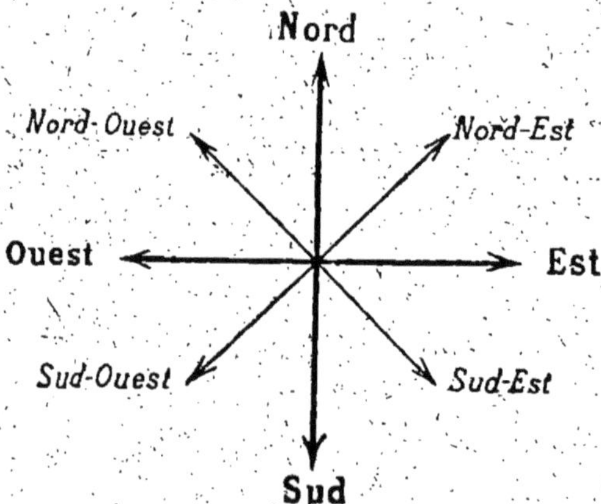

c'est-à-dire à savoir en tous lieux retrouver les quatre

---

(1) Après chaque mot, le transmetteur s'arrête jusqu'à ce que le récepteur lui donne « le point »; celui-ci reconnaît la fin d'un mot à l'arrêt du transmetteur.

points cardinaux : le nord, le sud, l'est et l'ouest ; de la sorte il pourra toujours assurer sa marche dans la direction qui lui a été indiquée.

L'étude des indications ci-dessous facilitera l'orientation :

1° Le soleil se trouve à l'est à 6 heures, au sud-est à 9 heures, au sud à midi, au sud-ouest à 15 heures et à l'ouest à 18 heures.

Quand on a le nord devant soi, on a : le sud derrière soi, l'est à sa droite et l'ouest à sa gauche.

2° La nuit, en regardant l'étoile polaire et en lui faisant face, on a, en toutes saisons, le nord devant soi.

3° La nuit, la lune se trouve :

En pleine lune ○ : à l'est à 18 heures, au sud à minuit, à l'ouest à 6 heures ;

En premier quartier ◑ : au sud à 18 heures, à l'ouest à minuit.

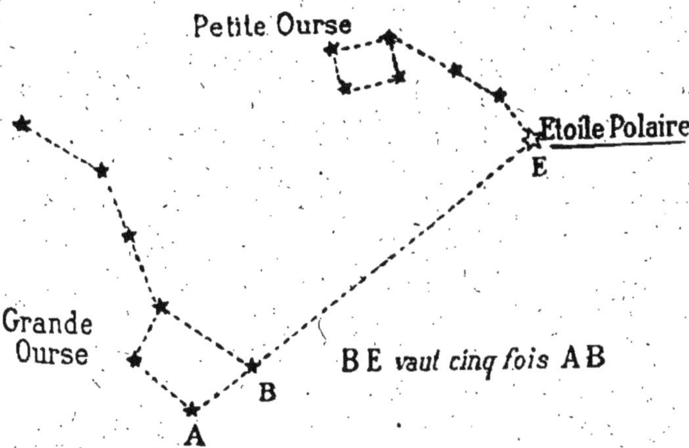

En dernier quartier ◐ : à l'est à minuit, au sud à 6 heures.

4° La pointe *bleue* de l'aiguille aimantée d'une boussole est toujours dirigée vers le nord.

5° Les cartes topographiques sont précieuses pour s'orienter : placer la carte parallèlement au terrain par des points de repère très visibles et facilement reconnaissables sur la carte.

Sur les cartes, le nord est en haut, l'est à droite, l'ouest à gauche et le sud an bas.

Remarques diverses. — De jour, par les temps couverts, et la nuit, il est bon d'interroger les habitants pour savoir de quel côté le soleil se lève et de quel côté il se couche. — Consulter les girouettes.

Dans nos régions, les murs, les rochers, les arbres, les bornes sont plus humides ou plus garnis de mousse du côté nord-ouest (côté habituel de la pluie et du vent). Les vieux poteaux, les croix funéraires s'inclinent vers le sud-est. Les anciennes églises ont généralement l'autel à l'est.

Évaluation des troupes en vue.

36. A distance, les troupes d'infanterie se détachent sur le terrain sous l'apparence d'une ligne sombre, mince, coupée d'intervalles réguliers. Pour la cavalerie, cette ligne paraît plus épaisse et dentelée; pour l'artillerie, elle est plus irrégulière.

37. *Infanterie.* — Dans l'infanterie, la compagnie est l'unité qui correspond à l'escadron. Elle a quatre sections. Il y a quatre compagnies dans un bataillon, et trois bataillons dans un régiment.

En marche sur une route, une compagnie d'infanterie de guerre occupe une longueur de 100 à 110 mètres; un bataillon, 450 mètres; un régiment à 2 bataillons, 950 mètres; un régiment à 3 bataillons, 1.400 mètres.

La durée d'écoulement est : pour une compagnie, de 75 secondes environ; pour un bataillon, 5 minutes 3/4; pour un régiment à 3 bataillons, 17 minutes.

En rassemblement, les compagnies sont ordinairement en colonne de compagnie, les quatre sections l'une derrière l'autre. En Allemagne, la compagnie n'a que trois sections et chaque bataillon a un drapeau.

Le front de combat d'une compagnie (France et étranger) varie de 75 à 150 mètres.

38. *Artillerie.* — Dans l'artillerie, la batterie est l'unité qui correspond à l'escadron.

L'artillerie montée à ses servants soit à pied, soit montés sur les caissons; l'artillerie à cheval a tous ses servants à cheval.

La batterie se compose :

En France : de 4 canons, 12 caissons, 1 forge, 1 chariot de batterie, 3 fourgons à vivres et 1 fourragère.

En Allemagne et en Italie : de 6 canons, 6 caissons et 1 voiture de batterie.

En Autriche : de 8 canons et 8 caissons.

La longueur d'une batterie est de 350 à 400 mètres, son front de combat de 100 mètres.

Un groupe est la réunion de 2 ou 3 batteries.

La longueur d'une section de munitions est de 500 mètres; elle se compose de 20 à 35 caissons.

39. *Cavalerie.* — En France, un régiment a 5 escadrons, dont 1 de dépôt et 4 de guerre.

Un escadron au complet (175 cavaliers) occupe sur une route une longueur d'environ 120 mètres.

En Autriche, le régiment a 6 escadrons; la cavalerie

comprend des dragons, des hussards et des uhlans (pas de lance).

En Italie, 6 escadrons par régiment; la cavalerie comprend des lanciers lourds, des lanciers légers (avec la lance) et des chevau-légers. La carabine est munie d'une baïonnette.

Composition de la cavalerie allemande.

40. La cavalerie allemande comprend des régiments à 5 escadrons (sauf 5 régiments bavarois à 4 escadrons); elle comporte :

1 régiment de la Garde du corps;

des uhlans,

des cuirassiers,

des dragons,

des hussards,

des reîtres,

des chevau-légers,

des chasseurs à cheval,

des carabiniers.

Ils sont tous armés de la lance en tube d'acier de $3^m 20$, du sabre droit et de la carabine avec baïonnette (même modèle que le fusil d'infanterie). Les sous-officiers ont la lance et un pistolet automatique.

Un escadron comprend :

A effectif renforcé : 4 ou 5 officiers, 144 hommes, 140 chevaux;

A la mobilisation, les escadrons auront 150 sabres chacun.

A effectif réduit : 4 officiers, 138 hommes, 135 chevaux.

Le régiment de campagne ne comporte que 4 escadrons.

Indices.

41. Les indices sont des signes remarqués desquels on peut déduire la présence ou la proximité de l'ennemi.

Attitude de la population. — Dans le voisinage de l'ennemi, les habitants sont inquiets; ils sont insolents en pays ennemi.

Poussière. — La poussière soulevée par une colonne d'infanterie est basse; par la cavalerie elle est haute et légère, par l'artillerie, plus épaisse.

On peut en déduire en outre la direction de marche et la longueur des colonnes.

Reflets. — Les reflets du soleil sur les armes et les objets brillants indiquent une troupe en mouvement. Nombreux reflets : la troupe s'avance ordinairement.

Reflets incertains, inégaux, passagers : la colonne se retire.

Feux de bivouac. — De jour, l'intensité de la fumée; de nuit, l'éclat, le nombre des feux, leur lueur au ciel signalent l'emplacement et l'importance des bivouacs.

Escorte de prisonniers.

Bruits divers. — Le roulement des voitures, le claquement des fouets, le hennissement des chevaux, les aboiements prolongés des chiens sont en général l'indice d'un passage de troupes.

Traces. — Dans un chemin ou à travers champs, les traces des pas des hommes et des chevaux, les empreintes des roues de voitures peuvent renseigner sur la direction prise par les colonnes et les troupes, et même sur leur importance et leur formation.

Bivouacs abandonnés. — Les emplacements où une troupe a bivouaqué ou bien où elle a fait une grand'halte permettent de reconnaître la force et la composition des troupes.

Ruses de guerre de l'ennemi.

42. Dans les dernières guerres et notamment en 1870-1871, les Allemands employaient assez souvent des ruses déloyales pour nous tromper. Le cavalier doit donc être prudent et savoir bien se rendre compte pour ne plus s'y laisser prendre.

Les principales ruses employées ont été de : faire répandre par des employés spéciaux au milieu de nos soldats, le bruit : « Nous sommes trahis. » (Il faut arrêter ceux qui colportent ce bruit et les livrer à l'autorité.)

Lever la crosse en l'air, puis tirer lâchement quand nos soldats s'approchaient.

Faire un faux usage du drapeau blanc, en criant en français : « Ne tirez plus ! »

VI. — Mobilisation.

Le jour où la mobilisation sera ordonnée, ce sera le grand jour. Les cœurs, pleins d'espoir, devront battre avec fierté ! Chaque Français se rendra à son poste, toutes les forces vives de la nation se consacreront à la défense du territoire.

La grande machine militaire devra fonctionner; le cœur, l'énergie et la volonté de tous en sont les principaux rouages.

Préparez-vous toujours à une mobilisation probable, habituez d'avance vos familles à cette idée, le départ sera plus facile. Lorsque vous serez réserviste dans vos foyers, vous suivrez scrupuleusement les indications de votre fascicule de mobilisation, vous vous imposerez d'arriver à l'heure exacte à votre destination; ayez alors de l'ordre, soyez calme, résolu et confiant.

Dans les régiments les cavaliers recevront, à l'instant de la mobilisation, des effets de la collection de guerre préparés d'avance et étiquetés à leur nom. Ils prendront la tenue de campagne, puis ils feront avec ordre et ponctualité les nombreuses corvées qui se présentent à ce moment.

Des réservistes rejoindront leurs corps et ils seront aussitôt habillés, équipés et armés, les chevaux de réquisition arriveront et seront de suite placés à leurs emplois.

Tous les effets non emportés en campagne par l'escadron seront mis au magasin du corps pour servir à différentes formations et au dépôt du régiment. Chaque homme fait un petit ballot de ses effets personnels qui ne doivent pas être emportés.

Les effectifs sont alors portés au chiffre de guerre.

Les autres réservistes et territoriaux rejoignent tous et forment des escadrons de dragons et de cavalerie légère qui viendront grossir l'armée nationale.

Si tous ces militaires sont bien instruits comme les hommes de la cavalerie actuelle, s'ils ont tous des sentiments patriotiques développés, un grand amour de leur pays et le désir de vaincre, l'armée française, très forte, pourra ne rien craindre des armées de l'Europe. Elle saura conserver son indépendance et être victorieuse.

CINQUIÈME PARTIE

DU CHEVAL ET DES SOINS A LUI DONNER

CHAPITRE XIV

HIPPOLOGIE — SOINS

Hippologie.

1. L'extérieur du cheval se divise en trois parties principales, qui sont : l'avant-main, le corps et l'arrière-main.

Les parties qui se rattachent à l'avant-main sont :

1° La tête. Dans la tête on rencontre :

1. La nuque.	10. Les joues.
2. Le toupet.	11. Les naseaux.
3. Le front.	12. La bouche.
4. Le chanfrein.	13. Le menton et sa houppe.
5. Le bout du nez.	14. La barbe.
6. Les oreilles.	15. L'auge.
7. Les tempes.	16. Les ganaches.
8. Les salières.	17. Les parotides.
9. Les yeux.	

2° L'encolure et l'avant-main qui comprennent :

18. La gorge.	21. Le poitrail.
19. L'encolure et sa crinière.	22. Les ars et l'inter-ars.
20. Le garrot.	

3° Les membres antérieurs qui comprennent :

23. L'épaule.	28. Le canon.
23 bis. Le bras.	29. Le boulet.
24. L'avant-bras.	30. L'ergot et le fanon.
25. La châtaigne.	31. Le paturon.
26. Le coude.	32. La couronne.
27. Le genou.	

33. L'ongle ou le sabot qui se subdivise en :

a) La paroi,	e) La sole,
b) La pince,	f) La fourchette,
c) Le talon,	g) Les glômes.
d) Le périople,	

Les parties qui se rattachent au corps sont :

34. Le dos.
35. Le rein.
36. Les flancs.

37. Les côtes.
38. Le passage des sangles.
39. Le ventre.

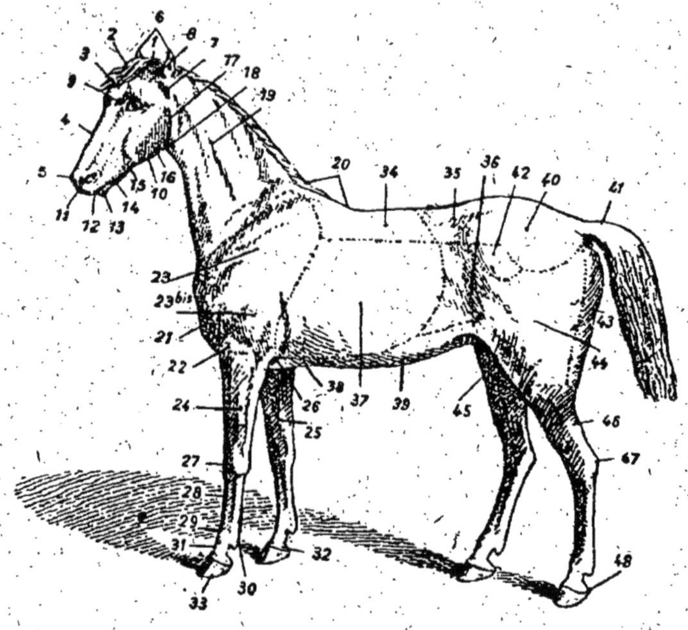

Les parties qui se rattachent à l'arrière-main sont :

40. La croupe.
41. La queue et ses crins.
42. Les hanches.
43. Les fesses.
44. Les cuisses.

45. Le grasset.
46. La jambe.
47. Le jarret.
48. Le pied, subdivisé comme ci-dessus.

Les ouvertures naturelles et les organes sexuels sont :

L'anus.
La vulve (chez la jument).
Les mamelles (id.).
Le fourreau (chez le cheval).

Le pénis (chez le cheval).
Les testicules (id.).
Le périnée.
Le raphé.

2. *Robe*. — La robe veut dire l'ensemble des poils et des crins dont l'extérieur du cheval est revêtu.

On classe les différentes robes en cinq divisions :

1re *division*. — Robes d'une seule couleur de poil, et des crins.

Robe blanche . . . . . { Blanc mat.
Blanc sale (jaunâtre).
Blanc argenté.
Blanc porcelaine.
Blanc rosé.

Robe café au lait (peu commune)	Clair (près du blanc sale).
	Foncé (près de l'alezan).
Robe alezane (blond jaunâtre avec crins semblables ou presque blancs)	Clair (près du café au lait).
	Foncé (tire sur le brun).
	Doré (reflet de l'or).
	Cuivré (cuivre rouge).
	Brûlé (couleur café torréfié).
Robe noire	Noir franc.
	Noir mal teint.
	Noir jais ou jayet (brillant).

2e division. — Robes ne comprenant qu'une seule couleur de poil, mais ayant toujours les crins noirs.

Robe baie (robe très répandue ; a beaucoup de variétés) . .	Clair.
	Foncé (un peu brunâtre).
	Cerise (jaune acajou).
	Sanguin (rouge sang).
	Châtain.
	Marron.
	Brun (presque noir).
Robe isabelle (correspond au café au lait. avec crins et jambes noirs)	Clair ou foncé.
Robe souris (poil cendré, crins et extrémités noirs)	Clair ou foncé.

3e division. — Robes comprenant deux couleurs mélangées.

Robe grise (assez fréquente; mélange de blanc et de noir) . .	Foncé (noir domine).
	Pommelé (taches blanches).
	Clair.
	Sale (jaunâtre).
	Étourneau (gris foncé avec des petits pinceaux blancs).
	Fer (gris bleu).
Robe aubère (mélange d'alezan et de blanc).	Clair (blanc domine).
	Foncé (alezan domine).
Robe louvet (deux couleurs dans le même poil : du noir et du jaune).	Sans variété.

4e division. — Robes comprenant des poils et des crins de trois couleurs mélangés.

Robe rouan (mélange de blanc, alezan et noir)	Clair (blanc domine).
	Vineux (alezan domine).
	Foncé (noir domine).

5e *division*. — Robe ayant des poils de deux couleurs non mélangés.

Robe pie (taches blanches, grandes et irrégulières sur une autre robe). . . . .
{ Noir.
Alezan.
Bai.
Aubère.
Rouan.

Une marque blanche qui contourne la partie inférieure d'un membre est une balzane.

Nourriture.

3. La ration habituelle du cheval se compose d'avoine, de foin et de paille.

Le cheval fait deux repas par jour, un le matin et l'autre le soir. Chaque repas doit comprendre de l'avoine, du foin et de la paille.

On se conforme aux règles suivantes :

Le repas du soir peut être le plus copieux, l'animal ayant plus de temps pour la digestion.

Les repas principaux, surtout pour l'avoine, doivent être donnés trois heures au moins avant le travail.

Si, cependant, le travail a lieu à une heure très matinale, on donne aux chevaux un quart de la ration de foin, afin qu'ils ne sortent pas à jeun. L'avoine est toujours donnée après l'abreuvage.

Les chevaux doivent boire au moins deux fois par jour, en toute saison.

On les fait boire avant les repas, il faut avoir soin de leur couper l'eau, surtout si l'eau est froide ou si les chevaux ont chaud.

Au retour de l'abreuvage, les chevaux peuvent trouver l'avoine dans les auges.

On doit mettre de côté les rations des chevaux absents au moment des repas et s'assurer qu'elles leur sont données après leur rentrée.

On donne des mashs aux chevaux maigres, fatigués, à appétit capricieux et à ceux échauffés par l'avoine ou atteints d'inflammation chronique de l'intestin. Les mashs sont préparés à l'infirmerie par le service vétérinaire.

On donne du vert chaque année au printemps. Il est mélangé avec du fourrage sec.

On peut aussi le donner à la prairie.

Si un cavalier remarque qu'un cheval refuse une denrée ou qu'il mange peu ou mal, il doit en rendre compte immédiatement. L'appétit du cheval indique son état de santé.

En route et pendant les manœuvres, on laissera les chevaux prendre, tout bridés, quelques gorgées d'eau lorsque l'occasion s'en présentera.

Rations de fourrages.

4. Les corps de troupe peuvent employer, selon leur volonté, soit le tarif 1887, soit le tarif 1894 :

	EN GARNISON			EN GUERRE, ROUTES OU MANŒUVRES		
	Foin	Paille	Avoine	Foin	Avoine minima	Avoine normale
Tarif 1887						
Cuirassiers.	3kg 500	4k 000	5kg 250	4kg 500	»	5k 750
Dragons et équipages régimentaires.	2 500	3 500	5 000	3 500	»	5 500
Chasseurs, hussards	2 500	3 500	4 500	3 500	»	5 000
			orge			orge
Algérie, Tunisie, Maroc (¹).	2 500	3 500	4 000	3 500	»	4 500
Tarif 1894						
Cuirassiers et équipages régimentaires.	4 000	3 000	5 900	4 000	5kg 900	6 650
Dragons.	3 500	2 70v	5 200	3 500	5 500	6 250
Chasseurs, hussards	3 000	2 500	4 700	3 000	5 000	5 350
			orge			orge
Algérie, Tunisie, Maroc (²).	3 000	2 500	4 000	3 000	4 500	4 500

(¹) Les chevaux de race française perçoivent les rations prévues pour la France.

(²) Il est alloué, dans toutes les positions, un supplément de 250 grammes d'orge ou d'avoine par cheval et par jour à tous les chevaux de race arabe dont la taille dépasse 1m 55.

Nota. — On peut remplacer une partie de la ration par d'autres denrées (substitutions) : vert, carottes, son, farines, etc.

Surveillance des écuries.

5. On commande par escadron un nombre suffisant de gardes d'écurie, selon la contenance des écuries et l'effectif des chevaux.

Ce service doit veiller à l'application des consignes données.

Ils sont en bonnet de police, en effets de toile et en sabots ou galoches.

L'hiver, ils mettent en dessous des effets de drap hors de service.

Ils ne doivent faire usage que des manteaux affectés au service de l'écurie.

Les gardes ou surveillants d'écurie prennent en consigne, en présence du brigadier de service, les ustensiles d'écurie (bridons, licols, longes..., etc.) et en constatent l'état d'entretien.

Ils doivent être vigilants, accourir au moindre bruit que font les chevaux, soit qu'ils se battent, s'embarrassent dans leurs longes, dans leurs bat-flanc, ou qu'ils se détachent.

Ils entretiennent les écuries parfaitement propres; ils ne laissent pas séjourner de crottin sous les chevaux et ils relèvent la paille, soit pour le râtelier, soit pour la litière.

Ils empêchent de fumer et d'entrer avec du feu dans les écuries.

Ils ne laissent sortir aucun cheval de troupe sans une autorisation et ils n'admettent aucun cheval étranger au régiment sans un ordre d'un officier ou d'un adjudant.

Ils rendent compte aux gradés de service de l'escadron des chevaux qui se sont échappés ou détachés, du nombre de licols cassés, des accidents ou des indispositions des chevaux.

Si ces accidents ou indispositions se produisent la nuit, ils avertissent immédiatement le maréchal des logis de garde.

Si le garde d'écurie ne peut représenter tous les ustensiles d'écurie qu'on lui a confiés ou s'ils sont endommagés par sa faute, il est puni, car c'est un devoir important de veiller à la conservation du matériel confié.

Un point important du service des gardes d'écurie c'est l'aération des écuries, qui doit être faite ponctuellement, d'après les ordres reçus selon la saison.

Il faut veiller à ce que les chevaux qui rentrent isolément ne soient pas exposés aux courants d'air.

Chaque fois que l'ensemble des chevaux rentre du travail, il faut fermer les portes pendant une heure et demie ou deux heures.

C'est par le toupet qu'il faut prendre le cheval qui s'est délicoté pour le ramener à sa place.

Litière.

6. Le crottin est enlevé à mesure qu'il tombe et porté au dehors. On entretient la litière de façon à ne jamais laisser sous les chevaux une couche épaisse de fumier.

La litière doit obligatoirement être relevée tous les quinze jours, en été comme en hiver, pour permettre l'enlèvement de la couche de fumier qui s'est formée au contact du sol.

Pendant cette corvée, les chevaux sont tous hors des écuries dont on ouvre les portes et les fenêtres. Le sol est nettoyé à fond et lavé à grande eau, si la saison le permet.

Pansage.

7. Le pansage a pour but de faciliter la sécrétion de la peau en la débarrassant des corps étrangers qui la souillent.

Pour conserver un cheval en bonne santé, il ne faut pas seulement le bien nourrir, mais encore il faut maintenir la propreté de son corps par les soins les plus minutieux.

Il se fait une fois par jour, après le travail, le cheval étant sec; il doit être exécuté avec une grande activité.

L'étrille n'est employée que lorsque le cheval a le poil un peu long; s'il a le poil fin ou s'il est tondu, l'usage de la brosse en chiendent suffit pour enlever la crasse.

L'étrille ne doit jamais toucher les parties osseuses ou trop sensibles, telles que la face interne et les extrémités des membres, la tête, l'épine dorsale, le garrot, la pointe des hanches.

Après le nettoyage à l'étrille ou à la brosse, on repasse à l'époussette ou torchon-serviette toutes les parties du corps pour lisser et lustrer le poil; on brosse et on nettoie le toupet, la crinière et la queue, sur lesquels on passe ensuite la brosse de chiendent légèrement mouillée; on frictionne les canons et les boulets en les frottant vivement de haut en bas et de bas en haut avec les deux mains, puis on termine le pansage en passant l'éponge mouillée sur les yeux et sur toutes les parties sensibles, en curant les pieds et en examinant la ferrure.

Les poils que les cavaliers ne doivent jamais couper sont ceux qui se trouvent autour des yeux, des naseaux, des lèvres et dans les oreilles.

Le cavalier ne doit jamais de lui-même couper la queue ni la crinière, si ce n'est au passage du dessus de tête.

La queue est coupée de manière que, tendue verticalement, elle arrive à quatre travers de doigt au-dessus de la pointe du jarret.

Les parties du cheval qui doivent spécialement attirer l'attention du cavalier sont les jambes, qui doivent être massées énergiquement avec la paume de la main après chaque travail. Si le cavalier sent de la chaleur sur un membre ou de l'engorgement, il rend compte immédiatement.

Les paturons doivent toujours être très propres pour éviter des crevasses.

Après un bain ou une douche, on bouchonne à la rentrée au quartier les parties mouillées, on sèche les paturons et on les frictionne.

Le bain des jambes est excellent après un travail sur un terrain dur.

Certaines croûtes plus ou moins épaisses qui adhèrent à la peau sont souvent une cause de blessures, aussi faut-il les faire disparaître par des applications d'un corps gras qui ne se rancisse pas; le lendemain de ces applications du corps gras, on fait un savonnage, puis un lavage à l'eau propre sans frottements violents et sans grattage, les croûtes se détacheront seules.

Le savon amollit les tissus, il ne faut l'employer qu'en cas de nécessité, surtout sur les parties qui supportent le harnachement.

Harnachement.

8. Le harnachement se compose d'une selle et d'une bride.

Description de la selle.

La selle est du modèle 1874 modifié.

Elle comprend :

L'arçon;

Le siège;

Les accessoires.

1° L'*arçon* est la partie solide sur laquelle est établie la selle. Il se compose de deux bandes ou lames en bois, qui s'appuient sur les côtes et sont réunies par deux arcades en tôle d'acier. L'arcade de devant, dont la partie supérieure forme le pommeau, protège le garrot et sert d'appui aux sacoches. L'arcade de derrière, ou troussequin, protège les reins du cheval, donne à l'arrière du siège la largeur et la forme nécessaires pour emboîter le cavalier et sert d'appui à la charge de derrière.

L'arçon, pourvu du siège et des quartiers, forme le corps de selle, qui se complète par les faux-quartiers et les panneaux.

2° Le *siège* est fixé sur l'arçon et porte le cavalier.

Les *quartiers*, fixés sur les bandes, cachent les contre-sanglons.

Les *faux-quartiers* préservent les côtes du cheval du contact des boucles de sangle.

Les *contre-sanglons* sont fixés à l'arçon et reçoivent la sangle.

Les *panneaux*, rembourrés de crin, préservent le dos du cheval du contact avec l'arçon.

3° Les *accessoires de la selle* sont :

Une sangle en tresse avec les traverses;

Une poche à fers;

Deux sacoches;

Deux étrivières et étriers;

Une couverture;

Des courroies de paquetage.

La sangle sert à maintenir la selle et se fixe à des contre-sanglons.

La poche à fers, de la contenance de deux fers, renferme une trousse destinée à recevoir les seize clous à ferrer, les seize crampons à glace et une clef à taraud.

Les sacoches, réunies par un chapelet, reçoivent les effets indispensables à l'homme et au cheval.

Les deux étrivières, passant sur les quartiers, servent à suspendre les étriers à l'arçon.

Les étriers servent à supporter la jambe du cavalier; on y distingue l'œil, les branches et la semelle, l'évidement destiné à permettre de visser les crampons.

La couverture sert d'intermédiaire entre la selle et le dos du cheval.

Les courroies de paquetage comprennent la courroie de pommeau, les quatre courroies de sacoches et les quatre courroies de charge de derrière; elles servent à fixer les effets sur la selle.

Le boucleteau porte-sabre.

Description de la bride.

La bride, dont l'agencement sert à diriger le cheval, comprend :

a) La monture;

b) Les mors;

c) Les rênes.

1° Les pièces qui composent la monture sont :

Le dessus de tête, qui sert à supporter les montants;

Le frontal, destiné à empêcher le dessus de tête de glisser en arrière;

Deux fleurons;

Les montants, placés le long des joues, supportent les mors de bride et de filet.

2° Le mors de bride est l'instrument de domination à l'usage duquel toutes les autres parties de la bride doivent concourir. Il se divise en embouchure, branches et gour-mette.

L'embouchure, placée dans la bouche, au-dessus de la langue, comprend la liberté de langue et les canons;

Les branches se réunissent aux canons par des contrerivures, et leur extrémité supérieure reçoit les porte-mors de la bride;

La gourmette se fixe aux branches et contourne la barbe;

Le mors de filet se compose de deux canons s'articulant à deux brisures.

3° Les rênes de bride et les rênes de filet se bouclent aux anneaux des mors correspondants.

Le *licol de parade* se compose de deux montants qui supportent la muserolle, de la sous-gorge formant collier, et de la longe.

Lorsque le cheval est sellé, ce dernier accessoire sert de poitrail pour empêcher la selle de glisser en arrière.

La sous-gorge peut se dégager du licol et s'engager dans les gaines mobiles du frontal, si l'on veut se servir de la bride sans le licol.

Ce dernier peut être transformé en bridon en engageant les T du mors de filet dans les anneaux carrés du licol.

Le licol d'écurie, en cuir blanc de Hongrie, comprend :

Un dessus de tête avec boucleteau;

Deux montants;

Une muserolle;

Un sous-barbe;

Un sous-gorge;

Une alliance.

Le surfaix, en fil, se compose de :

Un tissu de sangle;

Un contre-sanglon;

Une boucle;

Un passant fixe.

Le bridon d'abreuvoir, en cuir blanc de Hongrie, comprend :

Deux montants, un grand et un petit, muni d'une boucle;

Un frontal;

Une paire de rênes, avec leurs olives en frêne;

Un mors de bridon.

Seller et brider.

9. *Seller*. — S'approcher du cheval par le côté gauche, et placer sur son dos la couverture pliée en quatre, le gros pli sur le garrot et les lisières du côté du sabre en ayant soin de passer plusieurs fois la couverture d'avant en arrière pour lisser le poil.

La sangle étant bouclée dans les contre-sanglons du côté hors montoir, et relevée sur le siège, prendre la selle de la main gauche, à l'arcade de devant, et de la main droite sous le troussequin, la placer doucement sur le dos du cheval, les mamelles de l'arçon en arrière du jeu des épaules. S'assurer alors si la couverture ne forme aucun pli, particulièrement sur le garrot, et la soulever avec la main dans cette partie; regarder s'il n'y a pas de cuirs pris sous la selle; serrer la sangle avec modération et sans brusquerie; fixer la longe-poitrail et abattre les étriers.

Avec les chevaux délicats et spécialement les jeunes chevaux, il est recommandé de sangler en plusieurs fois.

Si les selles sont paquetées, il est préférable que les cavaliers se mettent à deux pour placer la selle sur le dos du cheval.

Brider. — Se placer du côté montoir; passer le licol à la tête du cheval; boucler la sous-gorge sans la serrer afin de ne pas gêner la respiration; prendre la bride avec la main gauche; passer avec la main droite les rênes de la bride et du filet par-dessus l'encolure du cheval; prendre la bride à la têtière avec la main droite, l'élever à la hauteur et en avant de la tête du cheval, saisir avec la main gauche les mors de bride et de filet et les engager ensemble dans la bouche du cheval, le mors du filet au-dessus de celui de la bride; passer alors les oreilles entre le frontal et le dessus de tête, dégager le toupet, boutonner le licol au dessus de tête. Accrocher la gourmette.

Pour que le cheval soit prêt à sortir, il faut lisser la crinière avec un bouchon légèrement mouillé, finir de sangler, vérifier la gourmette, curer les pieds et les graisser.

Débrider et desseller.

10. *Débrider.* — Décrocher la gourmette; déboutonner le licol et attacher le cheval assez court pour qu'il ne puisse pas se rouler avant d'être desellé; avancer les rênes de la bride et du filet sur le dessus de la tête, les passer par-dessus les oreilles, les laisser tomber dans le pli du bras gauche : ôter la bride de la tête du cheval, en commençant par dégager l'oreille droite; faire deux tours au-dessous du frontal avec les rênes de la bride et les passer entre le frontal et le dessus de tête.

Desseller. — Relever l'étrier gauche le long de la partie interne de l'étrivière, déboucler la longe-poitrail et la sangle, passer du côté hors montoir; relever l'étrier droit comme le gauche; placer le siège sur la sangle et la longe-poitrail; revenir du côté montoir et enlever la selle avec les deux mains, la gauche la tenant sous l'arcade de devant et la droite sous le troussequin. Retirer la couverture, la plier en deux, le côté qui était en contact avec le cheval en dehors; la placer sur la selle.

Soins à la rentrée.

11. Les chevaux ne doivent pas être ramenés en sueur au quartier, à moins de circonstances extraordinaires.

Le cheval est attaché hors de l'écurie; son cavalier le

bouchonne énergiquement avec les deux mains, sur l'encolure, la poitrine, le ventre et les flancs.

Le cavalier passe aussitôt deux ou trois fois l'éponge légèrement imbibée d'eau très propre sur le dos, dans le sens du poil, pour enlever la sueur et toute sécrétion, en ayant soin de laver chaque fois l'éponge et de sécher de suite ; il masse un instant l'emplacement de la selle en tapotant avec les deux mains à plat, puis il place la couverture sur le dos du cheval.

Il lui brosse les cuisses et les jambes de haut en bas et lui passe l'éponge mouillée sur les yeux, les naseaux, le fourreau et l'anus. Il lui cure les pieds et lui nettoie la queue. Si le dos est sensible, il en rend compte immédiatement. Ces prescriptions sont formelles en toutes circonstances, il ne faut pas les omettre pendant la période des manœuvres.

Le cheval doit rester couvert pendant le temps prescrit selon la saison et la température. Lorsque le cheval a chaud, il faut placer un peu de paille sèche sur le dos en dessous de la couverture.

Matériel d'écurie.

12. Le *bridon d'abreuvoir* se compose d'une monture en cuir de Hongrie et d'un mors de bridon en fer étamé à une seule brisure. Il est utilisé pour l'abreuvoir et, au besoin, pour le travail en bridon.

Bridonner. — Se placer du côté montoir, passer avec la main droite les rênes par-dessus l'encolure en les mettant sur le plat ; prendre la têtière avec la main droite et l'élever à hauteur et en avant de la tête du cheval ; saisir le mors avec la main gauche et l'engager dans la bouche du cheval ; passer alors les oreilles entre le dessus de tête et le frontal : dégager le toupet et boucler la sous-gorge sans la serrer.

Débridonner. — Déboucler la sous-gorge, placer le milieu des rênes sur le dessus de tête ; dégager les oreilles et laisser glisser le bridon dans le bras gauche pendant que la main droite saisit le toupet : licoter le cheval.

Le *licol d'écurie* est en cuir hongroyé. Il sert à attacher le cheval à l'écurie et pendant le pansage à l'extérieur. Lorsqu'il n'est pas à la tête du cheval, il doit être suspendu au râtelier et ne jamais traîner dans la mangeoire, ni dans la litière.

Entretien du harnachement.

13. Tous les jours, en descendant de cheval, nettoyer les cuirs de la selle et de la bride avec une éponge légèrement imbibée d'eau. Si ces cuirs sont très sales, les laver à plus grande eau en y ajoutant du savon ordinaire ou, mieux, du savon de Castille.

Toutes les fois que les cuirs ont été longtemps exposés à la pluie et, dans tous les cas, une fois par semaine, y déposer, avant qu'ils soient complètement secs, une légère couche de graisse, frotter avec la paume de la main pour étendre et faire pénétrer la graisse, laisser sécher, puis frotter avec un chiffon bien sec. On emploie pour cet usage un mélange, par parties égales, d'huile de pied de bœuf et de suif de mouton. On graissera peu et rarement le siège de la selle ; mais on insistera sur l'envers des quartiers et spécialement sur les parties en contact avec le cheval (faux-quartiers, contre-sanglons, cuirs de la bride).

Les cuirs ainsi entretenus sont propres et souples.

L'usage de tout produit destiné à donner du brillant est interdit, ces ingrédients ayant pour propriété de dessécher le cuir et de le rendre cassant.

La toile des panneaux est soigneusement brossée : il est interdit de la laver.

La couverture est étendue de façon à sécher rapidement, puis battue et brossée avec une brosse en crin. L'usage de la brosse en chiendent, qui détériore la couverture, est interdit. La couverture ne doit jamais envelopper le sabre, les étriers, la bride.

Les boucles de sangle sont tenues propres et graissées. Les étriers et les aciers de la bride sont tenus au clair. Ils ne sont graissés que lorsque le harnachement doit rester longtemps sans servir.

Le bridon d'abreuvoir et le licol d'écurie sont entretenus d'après les mêmes principes. Ils ne doivent jamais être blanchis au moyen de produits susceptibles de détériorer le cuir.

Chevaux malades et blessés, traitements.

14. On reconnaît qu'un cheval est malade quand il ne mange pas ou qu'il mange moins que d'ordinaire ;

Quand il est triste, qu'il porte la tête basse ou se tient éloigné de la mangeoire au bout de sa longe ;

Quand il tousse, qu'il a la respiration accélérée ;

Quand il s'agite, se tourmente ou qu'il a dans sa manière d'être quelque chose d'extraordinaire, ou enfin quand il boite.

Les animaux qui mangent lentement, qui se nourrissent mal ou qui sont sujets aux indigestions, doivent être présentés fréquemment à la visite du vétérinaire qui propose le régime spécial à leur faire suivre.

Dès qu'un cheval présente des signes de maladie, il faut le sortir du rang, l'isoler dans la partie la mieux abritée de l'écurie et lui prodiguer les soins que réclame son état.

Le cavalier prévient le plus tôt possible son brigadier.

Quand un cheval tousse seulement en conservant son appétit et sa gaieté il faut se borner à le tenir chaudement, ne le sortir que couvert et par le beau temps, ne lui donner à manger que de la paille et du barbotage, et, si l'on a un peu de miel à sa disposition, lui en faire avaler une cuillerée ou deux, matin et soir.

Si le cheval, en toussant, devient triste, s'il a de la peine à manger, s'il a la bouche chaude et baveuse et s'il rejette des parcelles d'aliments par les naseaux, il y a une inflammation de la gorge; le cas peut devenir très grave, aussi faut-il tenir le cheval bien au chaud et appeler le vétérinaire.

On reconnaît qu'un cheval a des coliques lorsqu'il s'agite, se couche, se roule sur le sol, se relève pour se recoucher, regarde son flanc, se plaint, se campe comme pour uriner et fouaille la queue.

Dès qu'un sujet manifeste ces signes de coliques, si c'est à l'écurie, il faut le conduire immédiatement à l'infirmerie vétérinaire, une intervention hâtive facilitant la guérison.

Il faut bien couvrir l'animal, le bouchonner vigoureusement en employant, si possible, de l'essence de térébenthine ou de la moutarde, le promener, lui donner quelques lavements tièdes et le réchauffer par des breuvages chauds d'infusion de foin, de plantes aromatiques, de vin ou de bière.

Le vétérinaire doit être prévenu si on est en dehors du quartier.

Les coliques sont dues à l'ingestion à jeun d'eau trop froide ou aux refroidissements subits lorsque l'animal a chaud, et à l'usage de denrées avariées.

Pour soigner une diarrhée simple mais persistant plusieurs jours, on couvre bien le cheval jusque sous le ventre et on lui donne quelques lavements tièdes d'eau de son ou de mauve, des breuvages également tièdes d'infusion de foin ou de plantes aromatiques.

Un cheval qui, après une grande fatigue ou un long repos, a de la peine à marcher, est un cheval fourbu.

Il faut lui desserrer les fers en ne les maintenant que par quelques clous et lui entretenir sur les pieds des cataplasmes de terre glaise et de vinaigre; si on a une rivière à proximité, on y place l'animal dans l'eau jusqu'au-dessus des boulets pendant plusieurs heures.

Sa nourriture ne doit comprendre que de la paille et du barbotage, sans foin ni avoine.

Lorsque, en enlevant la selle, le cavalier remarque une grosseur sur le dos, il doit chercher à faire disparaître cette tumeur par le massage : on enduit les poils de savon et on frotte dans le sens des poils jusqu'à la disparition de la tumeur.

On peut encore maintenir, avec le surfaix, sur la grosseur une éponge ou un gazon mouillé avec de l'eau vinaigrée ou salée.

S'il s'est formé une plaie, il faut l'arroser très souvent

avec de l'eau pure ou mieux avec de l'eau rendue astringente par l'extrait de Saturne ou la poudre de Knop.

On peut encore employer des douches, mais lorsque le cheval est refroidi.

C'est une excellente pratique que de passer la main sur le dos chaque fois qu'on enlève la selle, pour s'assurer qu'il n'y a ni tumeur, ni point sensible.

Lorsqu'un cheval boite, il faut examiner le membre malade, le palper dans toute son étendue pour trouver la partie douloureuse.

Si le tendon est engorgé, douloureux et chaud au toucher, c'est un effort de tendon; si le boulet est gros, porté en avant, douloureux et chaud, il y a entorse ou effort du boulet.

Dans les deux cas, il faut faire prendre des bains très prolongés au membre malade, éviter de faire travailler l'animal et de le faire marcher sur des terrains durs et trop gras.

Un écart d'épaule est une distension musculaire provenant d'une glissade, d'une chute ou d'un faux pas; il s'ensuit une boiterie ayant son siège dans l'épaule.

Le cheval marche péniblement et porte son membre en dehors.

Il faut laisser l'animal au repos absolu et faire des lotions d'eau blanche et des frictions d'eau-de-vie camphrée.

Si la cause de la boiterie d'un cheval ne se trouve pas dans le membre, elle peut être dans le pied lui-même. Le plus grand nombre des boiteries proviennent des pieds; souvent un clou de la ferrure implanté trop en dedans gêne les tissus vivants, d'où boiterie. Il faut déferrer et soigner l'entrée du clou avec une goutte d'eau-de-vie ou d'essence de térébenthine, puis la couvrir avec une boulette de suif ou d'onguent de pied.

Le clou de rue est une blessure du dessous du pied produite par des corps pointus qui traversent la corne de la sole ou de la fourchette et attaquent plus ou moins gravement les parties vives.

Il faut arracher l'objet avec une ficelle, une pince ou les doigts, laver, amincir la corne autour de l'entrée, mettre le pied à l'eau longtemps, verser une goutte d'essence de térébenthine sur la plaie et appeler la vétérinaire, qui fait une piqûre antitétanique.

Ferrure. — La ferrure d'un cheval doit être rationnelle selon la forme spéciale de son pied, c'est l'affaire du maréchal ferrant, mais le cavalier doit la surveiller et prévenir dès qu'il remarque quelque chose d'anormal.

La ferrure doit être renouvelée tous les mois en moyenne.

Les petites grosseurs molles qui apparaissent aux extrémités des membres d'un cheval, autour et au-dessus du boulet, sont des molettes; elles proviennent généralement d'un excès de travail ou d'une course sur des terrains trop durs.

On les traite par le massage, par des frictions d'alcool camphré et par les douches ou les bains.

Crevasses dans le pied du paturon. — Il faut couper les poils autour de la plaie, sur laquelle on applique des cataplasmes de farine de lin, de son ou de mauve cuite jusqu'à ce que la sensibilité soit calmée. On saupoudre alors la plaie avec du charbon de bois pulvérisé, sans aucun bandage.

Jusqu'à guérison complète, il faut éviter de faire passer les chevaux dans l'eau ou dans la boue.

Bleime. — Une bleime, c'est une meurtrissure des talons; la corne de la sole devient rouge vers le mal (bleime sèche), quelquefois il y a du pus sous la corne (bleime humide).

La bleime est due à la compression des fers, à des chocs ou à des corps étrangers qui s'introduisent entre le fer et la sole.

Pour traiter, on amincit la corne pour dégager la bleime jusqu'à la rosée, on fait sortir le sang extravasé et le pus, s'il y en a, on abat un peu les talons et on panse avec des étoupes graissées et de la térébenthine.

Quand le cheval est en état de travailler, le talon ayant été abattu, exige un fer à planche.

Pour traiter un coup de pied ou une écorchure accidentelle, qui sont des accidents fréquents, il faut baigner les parties blessées ou les doucher, employer quelques compresses d'eau sédative pour enlever l'inflammation. S'il y a plaie, la laver à l'eau phéniquée et y appliquer du baume des Pyrénées.

La crinière et la queue. — Les tenir toujours très propres jusqu'à la peau, car elles sont souvent le siège de vermine et de poux; leur malpropreté peut faciliter l'éclosion de la gale.

Le cavalier négligent, qui ne tient pas son cheval dans les jambes, qui le laisse s'endormir ou qui n'a pas les rênes bien en mains, couronne facilement sa monture en lui faisant faire une chute sur les genoux.

Il faut laver la plaie, mettre le cheval à l'eau et couvrir la plaie avec de la poussière fine de charbon de bois.

Le vétérinaire prescrira ensuite le traitement à faire suivre.

Maladies contagieuses. — Ces maladies sont la morve, le farcin, le charbon, la variole équine, la gale et la gourme.

Les cavaliers appelés à soigner des animaux atteints de ces maladies doivent, après chaque pansage, se laver le visage et les mains à grande eau et se servir pour les mains de désinfectants, tels que sublimé ou acide phénique mélangés à l'eau.

Nota. — Les boiteries, crevasses, bleimes, coups de pied,

etc., n'étant jamais soignés par le canonnier, il serait suffisant d'en connaître la définition et les premiers soins avant l'arrivée du vétérinaire. Mais le traitement de l'écart, de la crevasse ou du coup de pied ne sont ni de la compétence du canonnier, ni de ses moyens. Ces traitements lui sont d'ailleurs interdits; seul le vétérinaire est compétent.

SIXIÈME PARTIE

DEVOIRS DU SOLDAT DANS SES FOYERS APRÈS SA LIBÉRATION DU SERVICE ACTIF

CHAPITRE XV

CONSEILS POUR LE DÉPART DE L'ACTIVITÉ

La loi du service militaire est du 21 mars 1905, modifiée le 7 août 1913. Elle prescrit ce qui suit pour les soldats dans leurs foyers, après le service actif :

Affectation.

1. Dans ses foyers, le militaire est affecté à un corps ou à un service. Cela lui est indiqué en détail sur le fascicule de mobilisation qui est placé à son livret individuel.

2. Les militaires dans leurs foyers sont sous l'autorité du commandant du bureau de recrutement de la subdivision de leur domicile, c'est à lui qu'ils adressent leurs demandes, par l'intermédiaire de la gendarmerie, qui transmet.

Les principales demandes qu'un militaire dans ses foyers peut avoir à faire sont au sujet des périodes d'instruction, de prolongation, de sursis, de devancement d'appel, de dispense de période d'instruction, des changements de domicile et de résidence, de maladies qui nécessitent la a réforme.

3. L'homme, en quittant le régiment, se retire en principe dans sa subdivision d'origine : où il a passé le conseil de revision.

L'autorité militaire doit toujours connaître le lieu où se trouve le militaire dans ses foyers.

Changements de résidence et de domicile.

4. On change de résidence lorsque l'on quitte *momentanément* le lieu que l'on habite pour aller occuper, pendant quelque temps, un autre lieu.

On change de domicile lorsque l'on quitte, *sans l'idée de retour,* le lieu que l'on habite pour aller définitivement ailleurs.

On est tenu de faire sa déclaration de changement de résidence ou de domicile au commandant de la brigade de la gendarmerie de sa nouvelle résidence dans le délai d'un mois, étant porteur de son livret individuel.

Sont passibles de punitions disciplinaires, les militaires dans leurs foyers qui ont omis de faire à la gendarmerie ces changements de résidence et de domicile.

Si l'on fait un voyage de plus de deux mois d'absence de chez soi, il faut aussi aviser la gendarmerie.

Obligations et périodes d'exercices.

5. 1° Les réservistes de l'armée active doivent accomplir (pendant leurs onze années de service dans la réserve) deux périodes : 1° une de vingt-trois jours; 2° une de dix-sept jours.

2° Les territoriaux (pendant leurs sept années de service) une période d'exercices de neuf jours.

3° Les militaires de la réserve de la territoriale (pendant leurs sept années de service) sont assujettis à une revue d'appel (une journée au maximum).

En principe, les réservistes de l'infanterie sont convoqués pour le premier appel (vingt-trois jours), à l'époque des manœuvres d'automne; ceux du deuxième appel (dix-sept jours), dans les camps d'instruction, au printemps.

Sont appelés les années de millésime pair ceux affectés au premier régiment de chaque brigade et aux bataillons de chasseurs de numéros pairs; et sont appelés les années de millésime impair, ceux affectés au deuxième régiment de chaque brigade et aux bataillons de chasseurs de numéros impairs.

Maladie et réforme.

6. Le militaire dans ses foyers qui, par suite d'une maladie ou d'un accident, devient impropre soit au service militaire armé, soit au service auxiliaire, doit immédiatement, dès que le fait s'est produit, en informer l'autorité militaire.

A cet effet, l'homme en fait la déclaration au commandant de la brigade de gendarmerie, qui la transmet, après une enquête sommaire, appuyée d'un certificat médical, au commandant du bureau de recrutement.

Le commandant de recrutement envoie au militaire une convocation indiquant le jour, l'heure et le lieu où il devra se présenter devant la commission de réforme. Cette convocation donne droit au tarif militaire sur les chemins de fer pour aller au lieu de convocation et pour le retour, si le titulaire est réformé.

Père de quatre et six enfants.

7. Les réservistes qui sont pères de quatre enfants vivants passent de droit et définitivement dans l'armée territoriale. Ils ne sont plus astreints qu'aux périodes de leur nouvelle classe de mobilisation.

Les pères de six enfants vivants passent de droit dans la réserve de l'armée territoriale.

Le militaire qui se trouve dans un de ces deux cas fait une demande qu'il remet à la gendarmerie, en y joignant : 1° les actes de naissance des enfants; 2° un certificat de vie des enfants (le tout sur papier libre). Toutefois, ces hommes passés prématurément dans l'armée territoriale ou dans la réserve de l'armée territoriale sont maintenus dans l'armée jusqu'à l'expiration des vingt-cinq années exigées par la loi.

Convocation. Départ. Heure d'arrivée.

8. Les convocations sont faites au moyen d'un ordre d'appel individuel qui comporte un récépissé que l'intéressé retourne gratis, par la poste, au commandant de recrutement.

Pour fixer le jour et l'heure de l'arrivée à destination, on admet que l'homme convoqué quitte sa résidence le *premier jour* de la période à la *première heure*, et on tient compte des journées de route auxquelles lui donnent droit les distances à parcourir et les facilités de communication dont il dispose.

Les règles pour la fixation de l'heure d'arrivée sont les suivantes :

1° *Hommes obligés d'utiliser la voie de terre pour rejoindre leur corps.*

9. Les heures d'arrivée sont basées sur la distance du domicile (ou de la résidence déclarée) jusqu'au corps d'affectation :

On doit arriver le premier jour :

A 8 heures du matin pour les trajets de	0 à 12	kilom.
A 10 — — —	12 à 20	—
A midi —	20 à 24	—

Le deuxième jour :

A 8 heures du matin pour les trajets de	24 à 36	kilom.
A 10 — — —	36 à 44	—
A midi —	44 à 48	—

2° Hommes ayant à leur disposition la voie ferrée
pour rejoindre leur corps.

10. Ces hommes *doivent prendre*, en principe, le *premier train de la journée* susceptible de les amener à destination.

Ils obtiennent le quart du tarif sur les chemins de fer sur la présentation de leur ordre d'appel.

Sont toutefois autorisés à prendre :

a) Des trains entre 8 heures et midi, les hommes ayant à effectuer à pied, pour se rendre de leur domicile ou de leur résidence déclarée à la gare de départ, un trajet compris entre 8 et 20 kilomètres;

b) Des trains entre midi et 18 heures, si ce trajet est compris entre 20 et 24 kilomètres;

c) Le premier train du deuxième jour, si ce trajet est supérieur à 24 kilomètres.

On doit se présenter à son corps dès l'arrivée dans son lieu de garnison.

L'homme à son départ doit être muni de son livret individuel et de son ordre d'appel.

Nota. — L'ordre d'appel peut être utilisé dans un délai de trois jours avant la date fixée pour l'arrivée au corps; il peut également servir deux jours après la date du retour, mais avec une autorisation spéciale du chef de corps.

11. Le militaire doit n'emporter que les effets nécessaires à son voyage et ne prendre comme bagage que le linge qui lui est nécessaire pour le temps de sa période, s'il veut faire usage de son linge personnel.

Comme chaussures, si le militaire a la possibilité de le faire, il est bon qu'il se munisse d'une bonne paire de brodequins larges, déjà brisés, se rapprochant du modèle réglementaire. Ce sera pour lui une garantie pendant les marches.

Si non, il reçoit à son arrivée au corps du linge et des chaussures.

Il est bon que le réserviste ou le territorial arrive à son corps avec les cheveux coupés court. Il est libre de porter sa barbe comme il le fait ordinairement.

12. Le militaire qui vient accomplir une période d'exercices *doit arriver à son corps avec la dignité qui convient à un homme qui accomplit un des plus importants de ses devoirs de citoyen.*

Il faut donc qu'il se présente *exactement à l'heure indiquée*, étant propre, convenablement vêtu et surtout *n'étant pas pris de boisson.*

Le devoir est de travailler consciencieusement pendant les périodes, pour se maintenir à la hauteur de la tâche qu'on peut avoir à remplir le jour, peut-être prochain, où les réserves seraient rappelées pour soutenir l'honneur du drapeau et pour défendre le territoire de la France.

13. Il importe de reprendre, pendant ces quelques jours, la vie militaire en entier, sans chercher à se soustraire à aucun service, de prendre les repas à l'ordinaire avec tous les soldats, au nom de l'égalité qui existe au régiment où chacun travaille pour le même but, pour le même idéal : *la défense du pays et la grandeur de la Patrie.*

Secours aux familles.

14. Les familles des hommes de la réserve et de la territoriale qui, au moment de leur convocation, remplissent effectivement les devoirs de soutien indispensable de famille, peuvent recevoir une allocation fournie par l'État pendant la durée de la période. Cette allocation, fixée à 1ᶠ 25, sera majorée de 50 centimes pour chaque enfant de moins de seize ans à la charge de l'homme convoqué.

L'homme devra faire, dès qu'il est avisé de sa convocation, une demande écrite au maire, en y joignant :

1º Un relevé des contributions payées par le réclamant ou ses ascendants, certifié par le percepteur;

2º Un état certifié par le maire indiquant le nombre et la position des membres de la famille vivant sous le même toit ou séparément, le revenu et les ressources de chacun d'eux.

Indemnités relatives aux convocations.

15. *Pour l'aller,* les convoqués ont droit à l'indemnité kilométrique en chemin de fer, partout où existe ce mode de transport et quelle que soit la distance à parcourir.

Lorsque leur arrivée normale (d'après les règles données plus haut) a lieu après *midi,* ils ont droit en outre à l'indemnité journalière spéciale de 1ᶠ 25 par journée de route.

Les réservistes qui arrivent le premier jour, avant *midi,* c'est le cas général, ont droit à la solde le jour de l'arrivée et ils sont nourris par l'ordinaire dès l'arrivée.

Pour le retour, ils ont droit à l'indemnité kilométrique en chemin de fer, comme pour l'aller. Ils ont droit à l'indemnité journalière spéciale de 1ᶠ 25, pour toute journée ou fraction de journée d'une durée de plus de six heures à passer en voyage. L'indemnité n'est pas due pour le jour du départ, si ce jour-là l'homme a pu prendre ses deux repas au corps.

Périodes des hommes à l'étranger.

16. Les hommes fixés à l'étranger et qui y ont une situation régulière, peuvent, sur l'avis du consul de France, être dispensés des manœuvres ou exercices; ils sont considérés comme ajournés jusqu'à leur rentrée en France.

Toutefois, ceux qui résident dans un pays limitrophe de la frontière peuvent, sur leur demande, être convoqués pour accomplir une période; au commencement de l'année, les commandants de recrutement les avisent que leur classe est normalement convoquée dans l'année.

Dispenses de périodes.

17. 1° Sont dispensés de la première période dans la réserve, les hommes qui ont accompli *intégralement* et jour pour jour quatre années au moins de service actif ou une période de séjour aux colonies, qui ont obtenu la médaille coloniale au titre de l'Algérie, de la Tunisie ou du Sahara, qui ont pris part à des colonnes mentionnées sur les états de service, qui ont séjourné en Chine ou à Casablanca et qui ont pris part à des opérations sur la frontière algéro-marocaine.

2° Sont dispensés des deux périodes d'exercices de la réserve, ceux ayant accompli au moins cinq ans de service.

Sont dispensés de la période de neuf jours d'exercices des territoriaux :

Les sapeurs-pompiers des communes lorsqu'ils sont inscrits depuis au moins cinq ans sur les contrôles des corps de sapeurs-pompiers régulièrement organisés.

Ajournements. Devancements d'appel.
Changements de série.

18. Aux termes de la loi, les militaires des réserves convoqués pour une période ou un exercice spécial ne peuvent obtenir *aucun ajournement*, sauf en cas de force majeure, et dûment justifiée (1). Les ajournés seront rappelés, pour une période *absolument similaire*, soit l'année suivante, soit deux ans après; dans les corps qui ont des appels échelonnés, on peut les changer de série.

Des *devancements d'appel* peuvent être accordés :

1° Pour la même année, aux hommes appartenant à des corps dans lesquels ont lieu des convocations par séries ou par appels échelonnés;

2° A titre tout à fait exceptionnel, pour une des années précédentes, à la condition d'accomplir une période identique à celle pour laquelle les réservistes ou territoriaux auraient été convoqués, s'ils appartiennent à des corps qui ne font qu'un seul appel.

---

(1) Toute impossibilité d'ordre matériel ou moral, par conséquent tout préjudice grave et dûment justifié, doit être considéré comme rentrant dans le cas de force majeure prévu par la loi.

Demandes qui peuvent être faites.

19. Les hommes des corps dans lesquels ont lieu des appels échelonnés ou par séries, qui doivent être convoqués dans l'année, peuvent, après la pose des affiches, demander directement à leur chef de corps ou de service d'être appelés aux époques de l'année qui conviennent le mieux à leurs intérêts.

On peut encore faire cette demande au moment où on reçoit sa convocation (devancement d'appel ou changement de série).

Les réservistes d'infanterie astreints au premier appel (vingt-trois jours), qui estiment que la convocation normale pendant les manœuvres d'automne serait pour eux une cause de *préjudice réellement par trop grave*, doivent remettre à la gendarmerie, avant le 15 juin, une demande motivée et justifiée adressée à leur chef de corps en vue de ne pas être compris dans cette convocation.

Les demandes transmises après le 15 juin ne sont plus examinées, à moins de cas extraordinaires se produisant brusquement.

A titre exceptionnel, les chefs de corps peuvent faire un appel supplémentaire à la fin de l'année, dans lequel seront convoqués tous ceux qui, ayant des raisons graves et très sérieuses, ont été autorisés à ne pas faire leur période au moment où ils étaient convoqués.

Remise des demandes.

20. Pour les ajournements, les devancements d'appel et les changements de série, les intéressés remettent leur demande motivée et établie à l'adresse du chef de corps ou de service à la brigade de gendarmerie de leur résidence.

Changement de destination.

21. Il ne peut être accordé aucun changement de destination.

Fascicule de mobilisation.

22. Le fascicule de mobilisation est un ordre permanent placé entre les mains de chaque militaire dans ses foyers.

Les ordres qu'il renferme doivent toujours être présents à la mémoire du titulaire, qui devra les exécuter ponctuellement au jour de la mobilisation.

Tout militaire dans ses foyers doit toujours prévoir l'éventualité d'un départ, selon les prescriptions de son fascicule.

Le fascicule, en papier fort, comprend quatre pages seulement.

La première page donne : la classe de mobilisation,

corps d'armée, la subdivision et le numéro de l'homme au contrôle spécial du recrutement, ses noms, son grade et son domicile, puis le régiment, le bataillon, la compagnie (l'escadron ou la batterie) auxquels le militaire est affecté.

La deuxième page donne, en tête, un avis très important pour l'homme absent de son domicile au moment d'une mobilisation ; cet avis lui indique le jour de la mobilisation auquel il doit se présenter avant 9 heures du matin, à la gare la plus voisine de sa résidence, pour rejoindre directement le lieu désigné.

Cet avis est un ordre.

La troisième page, c'est l'*ordre de route* pour le cas de mobilisation.

Le titulaire du fascicule *doit le connaître en tout temps ;* à l'annonce de la mobilisation, il doit le relire avec attention et *se conformer minutieusement à toutes les indications qu'il donne relativement aux routes à suivre, aux gares à employer, au jour et à l'heure auxquels il doit se présenter à son lieu de mobilisation.* Il faudra obéir aux prescriptions de cet ordre d'une façon complète : c'est une *nécessité absolue* et c'est en même temps un *acte de patriotisme.*

Le militaire doit emporter des vivres selon les indications de son fascicule.

La quatrième page du fascicule est un procès-verbal d'échange du fascicule, qui est signé par l'intéressé au moment où on lui remet un autre fascicule.

APPENDICE

ENGAGEMENTS ET RENGAGEMENTS

**Conditions et avantages accordés spécialement
aux caporaux, brigadiers et soldats.**

Rengagements. — La faculté de contracter un rengagement
est accordée à tout militaire en activité qui compte au moins
une année de service dans les troupes métropolitaines ou six
mois dans les troupes coloniales. Ce rengagement date du jour
de l'expiration légale du service dans l'armée active. La même
faculté est accordée aux militaires libérés qui ont quitté le
service depuis moins de deux ans, s'ils désirent entrer dans
les troupes métropolitaines; à tous les militaires libérés comptant moins de trente-six ans d'âge, s'ils désirent entrer dans
les troupes coloniales. Toutefois, le militaire libéré ne peut
rengager que pour trois ans au moins dans les troupes coloniales. Dans les troupes métropolitaines le rengagement
minimum qu'il peut contracter doit lui permettre de compléter
au moins quatre ans de service.

Les rengagements sont renouvelables jusqu'à une durée
totale de quinze années de service pour les sous-officiers ou
anciens sous-officiers de l'armée métropolitaine, pour les caporaux, brigadiers ou soldats de cette armée, occupant certains
emplois désignés par le ministre de la Guerre, pour les militaires de tous grades de l'armée coloniale, du régiment de
sapeurs-pompiers de Paris, et de certains corps de l'armée
métropolitaine d'Afrique, désignés par le ministre;

De dix années pour les brigadiers et soldats dans les régiments de cavalerie et les batteries des divisions de cavalerie;

Et de cinq années pour les brigadiers, caporaux et soldats
des troupes métropolitaines.

Dans les limites indiquées ci-dessus, les militaires de toutes
armes et de tous grades peuvent contracter des rengagements
de six mois, un an, dix-huit mois, deux, trois, quatre et cinq
ans.

Peuvent être maintenus sous les drapeaux, comme rengagés après quinze ans de service :

1° Les militaires de toutes armes et de tous grades, pourvus
dans les différents corps et services de certains emplois déterminés par le ministre de la Guerre;

2° Les militaires de la gendarmerie, de la justice militaire,
du régiment de sapeurs-pompiers de Paris, de la remonte, et
le personnel employé dans les écoles militaires.

La durée maximum des rengagements successifs que peuvent contracter les militaires ayant plus de quinze ans de service est fixée à deux années; l'âge maximum auquel ils sont
rayés des cadres est de cinquante ans, à l'exception des militaires occupant certains emplois sédentaires fixés par le mi-

nistre de la Guerre, et qui peuvent être maintenus jusqu'à soixante ans. Les militaires de la gendarmerie pourront être maintenus jusqu'à l'âge de cinquante-cinq ans.

Nombre de rengagés à admettre. — Le nombre des sous-officiers de chaque corps de troupes de l'armée métropolitaine restés sous les drapeaux au delà de la durée légale du service en vertu d'un rengagement, est fixé aux deux tiers de l'effectif total des militaires de ce grade.

Toutefois, ce nombre pourra être porté aux trois quarts de cet effectif total par la nomination au grade de sous-officiers des caporaux ou brigadiers rengagés. Les sous-officiers ainsi promus recevront la solde afférente à leur emploi, mais continueront de n'avoir droit qu'aux avantages pécuniaires et aux emplois réservés attribués aux caporaux ou brigadiers rengagés.

La moitié des vacances de sous-officiers rengagés leur sera réservée.

Le nombre des brigadiers rengagés est fixé à la moitié de l'effectif total dans la cavalerie.

Pour la cavalerie ne seront pas compris dans les deux tiers des rengagés les sous-officiers du peloton hors rang.

Dans les régiments de spahis le nombre des sous-officiers rengagés peut atteindre la totalité de l'effectif.

Avantages assurés aux engagés ou rengagés.

Haute paie. — Tout militaire lié au service pour une durée supérieure à la durée légale a droit, à partir du commencement de la quatrième année de présence sous les drapeaux, à une haute paie journalière.

TABLEAU

HAUTES PAIES D'ANCIENNETÉ

Militaires français des corps français et indigènes et militaires français servant au titre français dans les régiments étrangers

GRADE	ARME OU SERVICE	HAUTE PAIE JOURNALIÈRE			OBSERVATIONS
		Après 3 ans de service	Après 6 ans de service	Après 10 ans de service	
		fr. c.	fr. c.	fr. c.	
Sous-officier et assimilé.	Cavalerie et artillerie des divisions de cavalerie.	1 20	A partir de la 6e année, les hautes paies sont comprises dans la solde mensuelle.		
	Autres armes ou services	1 00			
Brigadier ou caporal.	Cavalerie et artillerie des divisions de cavalerie.	0 93	0 98	1 03	
	Autres armes ou services	0 60	0 65	0 70	
Soldat.	Cavalerie et artillerie des divisions de cavalerie.	0 85	0 90	0 95	
	Autres armes ou services	0 20	0 25	0 30	

Suppléments de haute paie.

Compagnie de cavaliers de remonte. . . . . { Brigadiers et cavaliers français 0ᶠ 25

Cavalerie et artillerie des divisions de cavalerie . { Sous-officiers . . . . 0 40 — Brigadiers { après 3 ans . 0 35 et soldats { après 4 ans . 0 60

Autres corps. Militaires de tous grades. 0 10

Ces suppléments sont alloués dans les corps désignés par le ministre.

Haute paie des cavaliers de manège.

	1ᵉʳ haute paie	2ᵉ haute paie	3ᵉ haute paie
Sous-officiers .	0ᶠ 30	0ᶠ 50	0ᶠ 70
Brigadiers . .	0 16	0 20	0 30
Cavaliers . . .	0 12	0 15	0 25

Prime d'engagement ou de rengagement. — Tout militaire des troupes métropolitaines qui contracte un engagement ou rengagement de manière à porter la durée de son service à quatre ou cinq années, a droit à une prime proportionnelle au temps qu'il s'engage à passer sous les drapeaux en sus des trois premières années.

PRIMES D'ENGAGEMENT ET DE RENGAGEMENT

Militaires français des corps de troupe français et indigènes et militaires français ou étrangers servant au titre français dans les régiments étrangers.

Primes pour les engagements de quatre ou cinq ans, et pour tout rengagement portant la durée du service à quatre ans, quatre ans et demi ou cinq ans, à l'exclusion des rengagements en surnombre contractés dans les conditions de la loi du 17 juillet 1908.

DÉSIGNATION	CATÉGORIES (¹)				OBSER- VATIONS
	1ʳᵉ	2ᵉ	3ᵉ	4ᵉ	
	fr.	fr.	fr.	fr.	
I. — Engagements					
Engagements { de 4 ans	100	150	200	250	
{ de 5 ans	200	300	400	500	
II. — Rengagements					
Du commencement de la 4ᵉ année jusqu'à la fin de la 5ᵉ année de service, il est alloué, pour une année de rengagement . . Sous-officiers.	360	420	»	»	
Caporaux, brigadiers et soldats. . . .	100	150	200	250	

(¹) Le ministre fait connaître annuellement la répartition des corps de troupe entre les diverses catégories.

Dispense de période d'exercices de la réserve. — Les militaires ayant accompli au moins quatre années de service ou une période de séjour aux colonies sont dispensés de l'une des deux périodes d'exercices de la réserve.

Ceux ayant accompli au moins cinq ans de service sont dispensés des deux périodes d'exercice de la réserve.

Pour avoir droit à ces dispenses, un militaire doit avoir figuré à l'effectif d'un corps quatre ou cinq ans jour pour jour.

Pensions. — Les militaires de toutes armes qui quittent les drapeaux après quinze ans de service effectif ont droit à une pension proportionnelle à la durée de leur service; après vingt-cinq ans de service, ils ont droit à une pension de retraite.

Emplois civils. — Les emplois désignés au tableau F également annexé à la loi du 7 août 1913, sont réservés, dans les mêmes conditions, aux sous-officiers, brigadiers et caporaux de toutes armes qui ont accompli au moins quatre ans de service, et aux simples soldats ayant accompli au moins cinq ans de service dans la cavalerie ou l'artillerie des divisions de cavalerie. Un certain nombre des emplois de ce dernier tableau sont réservés aux militaires de tous grades de l'armée coloniale ayant quinze années de service, dont dix au moins dans l'armée coloniale, et aux militaires de tous grades de certaines unités métropolitaines d'Afrique désignées par le ministre, ayant accompli quinze années de service dont dix au moins dans des corps; ces militaires ont également droit aux autres emplois du même tableau.

Avantages matériels et moraux aux rengagés.

A) DISPOSITIONS SPÉCIALES AUX SOUS-OFFICIERS RENGAGÉS

1° Dans tous les corps, on devra régler la répartition des locaux de manière à arriver, autant que possible, à affecter une chambre spéciale à chaque sous-officier rengagé;

2° Chaque sous-officier rengagé devra recevoir un ameublement;

3° Les sous-officiers rengagés sont autorisés à orner leur chambre. Les chefs de corps veilleront à ce que cette mesure ne donne lieu à aucun abus;

4° Le port de l'éperon d'ordonnance avec le pantalon d'ordonnance est autorisé pour les sous-officiers rengagés en tenue de ville.

B) DISPOSITIONS SPÉCIALES AUX BRIGADIERS RENGAGÉS

1° Les brigadiers rengagés recevront des effets en drap de sous-officier, mais leur tenue comportera des galons de laine et la soutache d'ancienneté;

2° Il leur sera attribué un bahut ou petite armoire fermant à clef;

3° Les brigadiers rengagés sont autorisés à vivre au mess ou à la cantine; cette disposition ne sera pas appliquée pendant les exercices à l'extérieur et les manœuvres d'automne;

4° Toutes les fois que des impossibilités résultant de l'exiguïté du casernement ne s'y opposeront pas, il devra être créé

pour les brigadiers rengagés une salle de réunion et de consommation avec bibliothèque;

5° Les brigadiers rengagés jouiront de la permission permanente de 10 heures du soir;

6° Ils subiront, dans des chambres éloignées des locaux
disciplinaires des hommes, les punitions de salle de police
et de prison;

7° Les brigadiers rengagés seront envoyés au bain-douche
comme les sous-officiers, en dehors des heures fixées pour les
autres hommes de troupe.

C) Dispositions spéciales aux soldats rengagés

1° Les soldats rengagés sont autorisés à avoir une petite
caisse à bagages pour renfermer les effets qui leur appartiennent en propre;

2° Ils jouiront de la permission permanente de 10 heures du
soir;

3° Les cavaliers et artilleurs rengagés pourront être dispensés d'un certain nombre de gardes d'écuries, dans la mesure permise par les circonstances et qui sera fixée par les
chefs des corps;

4° En principe, les soldats rengagés ne devront pas prendre
la garde le dimanche.

TABLE DES MATIÈRES

PREMIÈRE PARTIE

INSTRUCTION DES MILITAIRES ET OBTENTION DES GRADES POUR LES CAVALIERS

CHAPITRE I

L'INSTRUCTION DU CAVALIER

CHAPITRE II

CHAPITRE III

DEUXIÈME PARTIE

ÉDUCATION MORALE

CHAPITRE IV

LES FORCES MORALES

CINQUIÈME PARTIE

DU CHEVAL ET DES SOINS A LUI DONNER

CHAPITRE XIV

SIXIÈME PARTIE

DEVOIRS DU SOLDAT DANS SES FOYERS
APRÈS SA LIBÉRATION DU SERVICE ACTIF

CHAPITRE XV

APPENDICE

NANCY-PARIS, IMPRIMERIE BERGER-LEVRAULT